Beziehungskompetenz im Beruf

Brücken bauen mit Empathie und Gewaltfreier Kommunikation

Vera Heim
Gabriele Lindemann

1. Auflage

HAUFE.

Inhalt

Vorwort

Viele Menschen möchten heutzutage an den Strukturen mitgestalten, in denen sie arbeiten. Dies zeigt die Bewegung hin zu neuen Organisationsformen, in denen Kreativität und partnerschaftliche Leadershipkultur gelebt werden. Menschen sehnen sich nach einem Arbeitsumfeld, in dem sie mit ihren Potenzialen gewürdigt werden und Einfluss nehmen können. Dies geschieht nicht von alleine. Mit unserem TaschenGuide möchten wir Sie dazu anregen, die Einflussmöglichkeiten in sich selbst zu erkennen und beim Schopf zu packen. Mit Beziehungskompetenz könnte dann unsere (Arbeits-)Welt schon heute so blühen und gedeihen, wie wir sie morgen gerne erleben möchten.

Als Beraterinnen und Trainerinnen sind uns dabei vor allem zwei Dinge wichtig: Die Gewaltfreie Kommunikation berührt uns seit vielen Jahren, weil wir mit unserer Menschlichkeit in Kontakt kommen und dadurch im Miteinander wirksam werden. Wir erleben diesen Ansatz als sehr effektiv für persönliche Entwicklung. Und in unserer Arbeit ist unsere Neugier gewachsen, besser zu verstehen, was uns im wahrsten Sinne des Wortes bewegt. Die Interpersonale Neurobiologie gibt uns schon heute viele Antworten auf unsere Fragen – auch wenn sich die wissenschaftlichen Erkenntnisse aus der Gehirnforschung ständig weiterentwickeln.

Vera Heim und Gabriele Lindemann

P.S.: Wir sprechen Sie gleichzeitig als Leser und Leserin an, auch wenn wir weitgehend die männliche Form verwenden.

Beziehung als Lebenselixier

Einen Großteil unseres Lebens verbringen wir am Arbeitsplatz. Damit wir uns dort wohlfühlen und die Arbeit leicht von der Hand geht, brauchen wir die Kooperation aller Beteiligten.

In diesem Kapitel erfahren Sie,

- warum klare und wertschätzende Beziehungen zwischen Menschen unabdingbar für erfolgreiche Kooperation sind,
- wie sich Bindung und Beziehung auf unsere Motivation auswirken,
- warum unser Gehirn – und damit unser Denken, Fühlen und Handeln – auf Beziehung ausgelegt ist und was sich dort abspielt und
- welche Rolle Empathie für die Beziehungskompetenz spielt.

Gemeinsam statt einsam

In welchen Situationen erleben Sie den meisten Spaß bei Ihrer Arbeit? Wenn Sie Umsatzzahlen sehen, den monatlichen Betrag auf Ihrem Konto? Oder fallen Ihnen zuerst Gespräche mit Kunden, der Chefin oder Kollegen ein? Möglicherweise kennen Sie Arbeitsphasen, in denen Sie im Alleingang so richtig in Fluss kommen. Und gleichzeitig – wäre es nicht unbefriedigend, wenn Sie überwiegend allein vor sich hin werkelten?

Wie sieht es aus, wenn Sie in einem Projekt auf Widerstand stoßen? Leicht ist man dann verführt, die Ritterrüstung anzulegen und die eigene Sache durchzufechten. Doch im Kampf-oder Verteidigungsmodus verlieren wir den Kontakt zu uns selbst und zu anderen. Um uns zu schützen, signalisieren wir das Gegenteil von dem, was wir brauchen. Wir wünschen uns Unterstützung und Miteinander und bewirken mit unseren Urteilen und Forderungen bei anderen Trennung und Ablehnung. Wenn es in der Gemeinschaft nicht klappt, dann entscheiden wir uns vielleicht, die Sache alleine zu stemmen. Doch alleine Großes zu bewegen, ist nur beschränkt möglich, zehrt an den Kräften und wir laufen Gefahr auszubrennen. Wie wäre es denn, wenn es uns gelingen würde, Einfluss zu nehmen und Menschen zur Kooperation zu gewinnen? Wenn wir ein Nein als Chance zur Verbindung nutzen könnten und alle miteinander an einem Strang ziehen würden?

Was ist Beziehungskompetenz?

In der Arbeitswelt wird Fachkompetenz vorausgesetzt. Doch um seine Arbeit gut zu machen, spielen auch andere Faktoren eine Rolle. Hier ist Beziehungskompetenz gefragt: Es geht z. B. darum,

- Menschen für ein Vorhaben zu begeistern – etwas miteinander zu bewegen und voranzukommen statt gegeneinander zu kämpfen,
- Individualität als Chance zu erkennen und bei der Teamarbeit zu nutzen,
- Fähigkeiten zu aktivieren, die in unserer menschlichen Natur liegen – Einfühlung und Fürsorge wiederzuentdecken und dadurch die Anliegen aller im Blick zu behalten.

Das heißt auch, dass wir uns der Auswirkung unseres Handelns auf unser Umfeld bewusster werden und den Blick öffnen für neue Wege, die den größten Spaß bedeuten und die stärkste Motivation im Tun. Mit der Gewaltfreien Kommunikation nach Marshall B. Rosenberg können wir durch eine wertschätzende Haltung den Boden für dieses Miteinander schaffen und uns und andere zum gemeinsamen Handeln bewegen.

> Beziehungskompetenz bedeutet, Prozesse einfühlsam und zugleich handlungsorientiert zu steuern, das Individuum genauso wie die Gemeinschaft im Auge zu behalten und mit einer verbindenden Sprache Menschen zum Miteinander zu bewegen.

Aufgrund der demografischen Entwicklung werden in den kommenden Generationen die heimischen Fachkräfte knapp sein. Ein Grund mehr, sich schon heute auf Führung vorzubereiten, die die Anliegen nach Einbeziehen, Mitgestaltung und Individualität berücksichtigt.

Wozu Beziehungskompetenz?

Kunden beraten, gemeinsame Ziele vereinbaren, Projekte koordinieren, Aufgaben delegieren, Menschen betreuen oder zwischen Parteien vermitteln – im Beruf ist die Fähigkeit gefragt, das Gegenüber zu verstehen und Beziehungen zu pflegen. Je besser es Ihnen gelingt, mit anderen in einen verbindenden Kontakt zu treten, desto größer ist die Wahrscheinlichkeit, dass sie gemeinsam mit Ihnen an einem Strang ziehen. Denn, Hand aufs Herz: Was bedeutet es für Ihr eigenes Bestreben, Ihr Bestes zu geben, wenn Sie wirklich darauf vertrauen können, dass Ihre Anliegen zählen? Und wenn Sie erleben, als Mitwirkender Bedeutung zu haben?

Gerade dann, wenn Beziehungen nicht so funktionieren, wie wir uns das wünschen, brauchen wir die Fähigkeit, Brücken zu bauen. Menschen sind keine Maschinen, ihr Verhalten lässt sich nicht durch Pläne und Anreize steuern. Einen Knopf zu drücken und das gewünschte Ergebnis zu erhalten, funktioniert (manchmal) bei einem Automaten, nicht aber bei Mitarbeitenden. Wollen wir stabile Brücken bauen, dann hilft uns das Verständnis, wie Menschen »funktionieren«. Deshalb werfen wir im folgenden Kapitel einen Blick auf Forschungsergebnisse aus Psychologie und Hirnforschung.

Beziehung motiviert

So angenehm und wohltuend es ist, mit anderen Menschen in Kontakt zu sein, so herausfordernd kann es auch sein. Besonders wenn wir unter Stress stehen, werden wir manchmal von unserem eigenen Verhalten überrascht oder können das Verhalten anderer nicht verstehen. Was läuft dann im Gehirn eines Menschen ab? Was stresst und was motiviert ihn? Was lässt ihn einfühlsam sein und was hindert ihn daran? Welche Bedeutung haben Beziehungen für den Menschen und was lässt ihn diese erfolgreich gestalten? Fragen, die nicht nur uns im Alltag beschäftigen, sondern auch Wissenschaftler verschiedenster Disziplinen.

Die Sicht der Interpersonalen Neurobiologie (IPNB)

Ärztinnen, Neurobiologen, Psychologen, Mathematikerinnen, Biologinnen, Physiker, Philosophen und Ethologinnen forschen, experimentieren und versuchen, Theorien wissenschaftlich zu untermauern. Keine der Disziplinen wird die Antwort allein finden. Es benötigt die Perspektive aller Wissenschaften, um die Komplexität des Menschen zu verstehen. Die Interpersonale Neurobiologie (IPNB) hat sich zur Aufgabe gemacht, viele verschiedene Sichtweisen zusammenzubringen und ein möglichst ganzheitliches Verständnis des Wunders »Mensch« zu schaffen. Die IPNB geht davon aus, dass unser Gehirn ein »soziales« Organ ist, das sich aufgrund zwischenmenschlicher Erfahrungen formt und entwickelt. Deshalb wird der (Ver-)Bindung zwischen Menschen und ihrer Wirkungen aufeinander eine besondere Bedeutung zugemessen. Wir tragen im Folgenden die uns wichtigen Informationen aus der Forschung der IPNB für Sie zusammen und vermitteln diese so anschaulich wie möglich, ohne den Inhalt zu verfälschen. Dabei gilt: Was wir heute wissen, kann morgen vielleicht anders interpretiert werden, da die Forschung rasch voranschreitet. Wir zeigen in diesem TaschenGuide Mut zur Lücke und verweisen für ein vertieftes Studium der IPNB auf die Literaturliste am Ende dieses Buches.

Das Leben strebt nach Verbindung

Vereinen sich Samen- und Eizelle, entsteht daraus Leben. Eingebettet in die Sicherheit des Mutterleibs wächst das Baby in Verbindung mit seiner Mutter heran. Wie sonst nie mehr im Leben, ist für alles gesorgt: Wärme, Nahrung, Atmung und Geborgenheit. Im Bauch der Mutter macht das Baby in der Regel eine erste wichtige Erfahrung, was es bedeutet in einer sicheren (Ver-)Bindung zu sein. Mit der Geburt kommt es zu einer ersten einschneidenden Trennung im Leben eines Menschen. Der Säugling braucht jetzt auch andere Menschen, die seine Zeichen verstehen und ihm Nahrung, Liebe und Fürsorge geben. Das ist der Moment, in dem auf einer neuen Ebene eine tiefe Verbindung zwischen Mutter (oder einer anderen Bindungsperson) und Kind entsteht. Damit diese überlebensnotwendige Verbindung erfolgreich entstehen kann, hat sich die Natur einiges »ausgedacht«.

Neurobiologischer »Klebstoff«

Mit dem ersten Atemzug beginnt das Baby eine spannende Entdeckungsreise. Mit seinen Sinnen entdeckt es seine Mutter. Es erfährt, wie sie riecht, schmeckt, wie es sich in ihren Armen anfühlt und wie sie aussieht, wenn sie lächelt oder besorgt ist. Fühlt sich das Baby unwohl, signalisiert es das mit Weinen. Seine Mutter versucht herauszufinden, was es braucht, und wird ihr Möglichstes tun, damit es dem Baby wieder gutgeht. Dieser Prozess wird im Gehirn durch den Neurotransmitter Dopamin unterstützt. Gelingt es der Mutter, das Kind zu beruhigen, sorgen endogene Opioide, die auch körpereigenes Morphin genannt werden, dafür, dass sich bei Mutter und Kind Zufriedenheit und Entspannung ausbreiten. Durch den liebevollen Blickkontakt zwischen Mutter und Kind beginnt das Bindungshormon Oxytocin zu fließen. Je mehr angenehme Erfahrungen mit einer Bindungsperson gemacht werden können, desto stärker und sicherer wird die Bindung.

Dieser neurobiologische »Klebstoff«, der Menschen miteinander verbindet, ist auch aus evolutionärer Sicht sinnvoll. Als unsere Vorfahren sich noch in Stämmen organisierten und gemeinsam durch die Steppe zogen, war das Überleben nur im Verbund einer Gruppe gesichert. Der Ausschluss aus der Gruppe bedeutete ein Todesurteil. Die Fähigkeit, in Verbindung zu treten, sich in andere einzufühlen und zu verstehen, was andere brauchen, war dabei genauso überlebensnotwendig wie Stammesmitglieder, die für einen sorgten. Das dadurch entstehende wechselseitige Miteinander hat also Abertausenden von Generationen unserer Spezies das Überleben gesichert und dazu beigetragen, dass es uns heute gibt.

Auch heute lässt sich aus Gemeinschaftsverbünden ableiten, welche wichtige Rolle Zugehörigkeit und Verbundenheit spielen, um seelisch ausgeglichen zu sein – auch wenn keine Todesängste mehr zu befürchten sind in Partnerschaft, Familie, Freundeskreis, Vereins- und Gemeindeleben. Dass wir einen Großteil unserer Lebenszeit am Arbeitsplatz verbringen, macht deutlich: Gemeinschaft und Zugehörigkeit sind auch dort unabdingbar. Wen wundert es dann, dass mangelnde Resonanz, Schweigen, ungeklärte Spannungen oder Ausgrenzung wehtun? Dadurch wird die gleiche Hirnregion aktiviert wie bei körperlichem Schmerz. Nicht selten führen deshalb anhaltende Konflikte am Arbeitsplatz zu Krankheit und Arbeitsausfällen.

> Menschen sehnen sich nach Bindungserlebnissen. Die meisten leiden darunter, wenn sie länger ohne andere Menschen auskommen müssen. Wer am Arbeitsplatz, mit Freunden oder in der Familie wenig Möglichkeit für Verbindung hat, sucht oft unbewusst Kontakt mit anderen. Auch durch Auseinandersetzung und Streit, bis zu Gerichtsprozessen oder durch Krankheit wird Aufmerksamkeit und Begegnung erlebt.

Bindungserlebnisse als Startkapital

Obwohl die wechselseitige Abhängigkeit von Menschen logisch erscheint, ist diese Sichtweise in der Wissenschaft noch verhältnismäßig jung. Einer der Vorreiter war der britische Kinderpsychiater und Psychoanalytiker John Bowlby. Er begründete Ende der 1950er Jahre unter Mitarbeit von James Robertson und Mary Ainsworth die Bindungstheorie, die besagt: Die Qualität und Quantität unserer frühesten Bindungserfahrungen beeinflusst die Entwicklung unseres Gehirns und damit einerseits unsere Möglichkeiten, die eigenen Emotionen zu steuern, und andererseits, mit anderen Menschen gelingende Beziehungen aufzubauen. Die Bindungstheorie unterscheidet drei organisierte Bindungstypen (sicher, unsicher-vermeidend, unsicher-ambivalent) und einen desorganisierten Bindungstyp. Es handelt sich dabei um Stereotype, die selten in Reinform erlebt werden, weil Kinder mit verschiedenen Menschen unterschiedliche Bindungserfahrungen machen. Gleichzeitig veranschaulichen die Bindungstypen, wie das Umfeld, in das Menschen geboren werden, ihre innere Landkarte prägt – und damit die Art und Weise, wie sie die Welt erleben. Die frühen Bindungserfahrungen beeinflussen also maßgeblich, wie Menschen später im Leben in Beziehung treten und Stresssituationen managen.

Bindungstyp »sichere Bindung«

Stellen Sie sich vor, Sie erfahren im Alltag Sicherheit. Andere Menschen begegnen Ihnen mit Präsenz und hören Ihnen zu. Sie können mit Leichtigkeit zu anderen in Verbindung treten, aber es gibt auch Raum für Rückzug. Sie haben das innere Vertrauen, dass Probleme gelöst werden können und dass auf alltägliche Verletzungen eine einfühlsame Wiedergutmachung folgt. Menschen, die in einem solchen Umfeld aufgewachsen sind und sichere Bindung in Ihrer Familie erlebt haben, entwickeln ein gesundes Selbstbild, sind kreativ, fürsorglich und können Probleme selbst lösen. Sie wissen, wie sie ihren eigenen Stress regulieren und den Überblick bewahren können. Es fällt ihnen leicht, mit anderen Menschen in Kontakt zu treten – auch dann, wenn es vielleicht emotional schwierig wird. Sind das nicht auch Fähigkeiten, die Sie sich selbst wünschen? Wie wäre es, in einem Umfeld zu arbeiten, in dem Kolleginnen oder Kollegen,

Mitarbeitende und Vorgesetzte diese Fähigkeiten mitbringen? Viele entspannt es, wenn sie an Menschen denken, mit denen sie eine sichere Bindung erlebt haben. Der Gedanke beruhigt das Nervensystem, bringt sie in ein inneres Gleichgewicht und weckt Vertrauen und Zuversicht. Die folgende Übung kann im Alltag hilfreich sein, vor allem, wenn Sie gestresst sind.

Übung: Meine sichere Bindung

Mit wem erleben Sie im Alltag sichere Bindung? Wer ist in Ihrer Gegenwart präsent und hört Ihnen aufmerksam zu? Wer vermittelt Ihnen Vertrauen und die Zuversicht, dass Probleme gelöst werden können und dass Sie als Mensch zählen? Wer nimmt nach einem Streit wieder den Kontakt mit Ihnen auf? Oder bei wem fällt es Ihnen leicht, dies selbst zu tun? Wenn Ihnen spontan gerade niemand einfallen sollte, dann blicken Sie zurück in Ihre Vergangenheit. Gab es dort vielleicht einen Freund, eine Tante oder einen Lehrer, mit dem Sie das erlebt haben? Denken Sie nun an die Person, über die Sie sich bei diesem Rückblick am meisten freuen. Welche Bilder tauchen vor Ihrem inneren Auge auf? Erinnern Sie sich an gemeinsame Erlebnisse, den Geruch dabei, den Klang der Stimme oder eine Melodie, die noch heute das Gefühl der Wärme in Ihnen aufsteigen lassen? Nehmen Sie einen tiefen Atemzug und forschen Sie nach.

Wie geht es Ihnen gerade jetzt in diesem Augenblick, da Sie an diese Person denken? Was macht Ihr Atem? Wie ist Ihr innerer Stresspegel? Sind Sie eher angespannt oder ruhig?

Damit in der Kindheit eine sichere Bindung entstehen kann, reicht es, wenn sich die Bezugsperson mit ca. 30 bis 40 % aller Interaktionen sofort auf das Baby einstimmen kann. Forschungsergebnisse zeigen aber auch, dass nach einem Bruch eine schnelle »Reparatur« maßgeblich dazu beiträgt, dass das

Kind Resilienz entwickelt. Wir sind der Überzeugung, dass dies auch im Beruf für die alltäglichen Missverständnisse oder Momente gilt, in denen Sie vielleicht nicht den Nerv haben, auf andere Menschen einfühlend einzugehen. Eine zeitnahe »Reparatur« stärkt Beziehungen. Darunter verstehen wir die Kunst, nach einem Konflikt, einem unerwünschten Verhalten oder einer abgebrochenen Verbindung den Faden wieder aufzunehmen und den Kontakt wiederherzustellen. Die Fähigkeit, dem anderen dann zuzuhören und sich selbst aufrichtig zu zeigen, ist dabei sehr wichtig.

Bindungstyp »unsichere Bindung«

Leider bekommen nicht alle Menschen das gleiche Startkapital mit auf den Lebensweg. Nicht alle Eltern oder Bezugspersonen haben die Fähigkeit und Kapazität, für das Kind so einfühlsam da zu sein, dass daraus eine sichere Bindung beim Kind entsteht. John Bowlby und Mary Ainsworth beschreiben zwei verschiedene Bindungsmuster, die sich zeigen können, wenn Menschen unsicher gebunden sind.

Unsicher-vermeidende Bindung

Sind die Eltern mit sich selbst beschäftigt, zeigen sie wenig Wärme und Zuneigung und weisen sie ihre Kinder zurück, ziehen sich diese in ihre eigene Welt zurück. Aus Angst abgewiesen zu werden, brechen sie mit der Zeit Beziehungen selbst ab. Von außen betrachtet, scheint sie die Abwesenheit anderer wenig zu beeindrucken und sie beschäftigen sich gut mit sich selbst. Ein erhöhter Cortisolspiegel (Stresshormon) zeigt jedoch an, dass sie die Einsamkeit nicht kaltlässt. Da Leistung in solchen Familien eine Quelle der Zuneigung ist, sind diese Kinder oft zielstrebig und gute Schüler. Emotionen werden wenig gezeigt. Um sich den Umständen anzupassen, entwickeln diese Kinder Verhaltensmuster, die auch im Erwachsenenalter noch gut erkennbar sind: Sie neigen zu einer starken Ich-Fokussierung, sind eher wortkarg, beziehen sich gerne auf Fakten und orientieren sich an der Zukunft.

Stress setzt ein Bindungssystem in Gang. Bei Menschen mit Tendenz zur unsicher-vermeidenden Bindung heißt das: Ihr Verhaltensmuster wird aktiviert, sich von anderen wegzubewegen. Sie rechnen jetzt nicht mehr mit Unterstützung in Beziehungen.

BEISPIEL

Im Direktmarketing-Team von Klaus brodelt es. Seit Wochen stehen die Mitarbeitenden unter hohem Druck, und dem Team geht langsam die Luft aus. Obwohl zwei Mitarbeitende Klaus signalisiert haben, dass sie überlastet sind, reagiert er nicht darauf. Er kann nicht verstehen, was das Problem ist. Wenn es viel zu tun gibt, dann muss man halt anpacken. Er steht selbst auch unter Strom und muss zusehen, wie er sich über Wasser hält. So verschanzt er sich hinter seinen eigenen Projekten. Es nervt ihn, wenn die Mitarbeitenden ständig jammern. »Wenn sie etwas stört, dann sollen sie es mit Fakten belegen und Lösungen bringen. Wir müssen jetzt in die Zukunft sehen.«

Unsicher-ambivalente Bindung

Eltern von Kindern mit diesem Bindungsmuster sind manchmal liebevoll und einfühlsam und dann wieder aufbrausend oder abweisend. Da das menschliche Gehirn gerne voraussieht, was geschieht, hinterlässt dieses Verhalten beim Kind eine ständige Alarmbereitschaft. Weil es nur schwer einschätzen kann, wie seine Bindungsperson als Nächstes reagiert, entwickelt es ein feines Sensorium und ein ausgeprägtes Einfühlungsvermögen. Weil der Fokus so stark beim Anderen ist, verliert das Kind den Bezug zu sich selbst und damit auch die Fähigkeit, für sich selbst zu sorgen. Somit wird es immer abhängiger von den Urteilen und der Zuneigung anderer.

Erwachsene mit ambivalentem Bindungsmuster neigen dazu, im Stress um jeden Preis Beziehungen erhalten bzw. herstellen zu wollen. Sie haben oft mit starken Emotionen wie Angst, Schuld und Scham zu kämpfen und haben ein gutes Erinnerungsvermögen, was Vergangenes betrifft. Die stark ausgeprägte Fähigkeit, sich in das Gegenüber einzufühlen, sowie mangelnder Selbstkontakt lassen diese Menschen sich selbst vergessen. Umso bedeutsamer wird für sie die wertschätzende Rückmeldung des Gegenübers. Vor lauter Angst, sie nicht zu bekommen, können sie diese manchmal nicht mehr wahrnehmen. Ein emotional unberechenbares Umfeld braucht ein gutes Frühwarnsystem. Das hohe Einfühlungsvermögen der Menschen mit ambivalenten Bindungsmustern ist dabei ganz klar eine Stärke. Die eigenen starken Emotionen machen es ihnen manchmal aber auch schwer, in Diskussionen sachlich zu bleiben.

BEISPIEL

Franziska regt sich auf. Seit Wochen rennen sie im Direktmarketing einem Projekt nach dem anderen hinterher. Und wenn man dem Chef sagt, dass es so nicht weitergeht, dann reagiert er kaum oder genervt darauf. Er hält ihr lediglich vor, dass die Budgetzahlen noch nicht erreicht sind. Nennt man das Kommunikation? Sie traut sich schon gar nicht mehr etwas zu sagen, und trotzdem: Wenigstens Danke sagen könnte er schon, wenn sie sich hier ein Bein ausreißen.

Desorganisierte Bindung

Mary Main, eine US-amerikanische Entwicklungspsychologin, hat den drei organisierten Bindungstypen von Bowlby und Ainsworth noch eine weitere Kategorie hinzugefügt. Diese passte auf die Kinder, deren Bindungstyp Bowlby und Ainsworth für nicht klassifizierbar hielten. Die Lebensgeschichte von Menschen mit desorganisierter Bindung ist oft von unverarbeiteten traumatischen Ereignissen, dem Verlust von wichtigen Bindungspersonen oder auch geliebten Tieren beeinflusst. Wenn Kinder Übergriffe oder Gewalt durch ihre Bindungspersonen erfahren, erleben sie ein Paradoxon. Die Bindungsperson, an die sich das Kind wendet, wenn es in Not ist, ist zugleich die Quelle der Gefahr. Für das Nervensystem fühlt sich das so an, als würde man gleichzeitig auf Bremse und Gaspedal treten. »Lauf weg« und »geh hin« ist eine Aufgabe, die nicht lösbar ist. Das hinterlässt bei diesen Menschen Spuren tiefer innerer Verwirrung und Desorganisation.

Bindungstheorie und Berufsalltag

Mit der Darstellung oben geht es uns nicht darum, dass Sie sich oder andere kategorisieren können, sondern darum, dass Sie Verständnis dafür entwickeln, welche Herausforderungen die persönliche Lebensgeschichte mitbringen kann. Wir alle bringen unsere individuellen Bindungsgeschichten in unsere Beziehungen ein – sei es im privaten Umfeld oder am Arbeitsplatz. Unsere frühen Bindungserfahrungen laufen unbewusst wie ein mächtiges Programm im Hintergrund ab. Sie beeinflussen, ob wir wollen oder nicht, wie wir Beziehungen gestalten. Beispielsweise haben vermeidende Kinder als Erwachsene oft weniger Zugang zu den eigenen Gefühlen und zu den Gefühlen ihrer Mitmenschen. Unsicher ambivalente Kinder hingegen erleben sich möglicherweise als Erwachsene ängstlich und zweifelnd.

Falls Sie sich eher zu den unsicher gebundenen Menschen zählen und im Alltag unerwünschte Stressmuster an den Tag legen, dann haben wir eine gute Nachricht: Mit Achtsamkeitstraining, Coaching, z. B. nach unserem Ansatz der Gewaltfreien Kommunikation (GFK) mit IPNB oder ggf. Psycho- oder Traumatherapie besteht die Möglichkeit, sich auch im späteren Leben mehr sichere Bindung – und damit Resilienz – zu erarbeiten.

Das mitfühlende Gehirn

Unser Gehirn beheimatet über 100 Milliarden miteinander verbundener Neuronen (Nervenzellen). Jedes einzelne Neuron ist wiederum mit über 10.000 Verbindungen (Synapsen) mit anderen Neuronen verbunden. Durch das dichte Netz von Nervenverbindungen verarbeitet das Gehirn Sinneseindrücke von Auge, Ohr, Mund, Nase oder Haut und schickt Botschaften in alle Bereiche des Körpers. Aber nicht nur das: Es denkt und löst, aufgrund von abgespeicherten Erfahrungen, auch blitzschnell Gefühle in uns aus. Dies macht uns Menschen zu der intelligenten und gefühlvollen Spezies, die wir sind.

Vom oberen und unteren Gehirn

Es gibt verschiedene Betrachtungsweisen für das menschliche Gehirn. Einerseits unterscheidet man die linke und die rechte Hirnhälfte. Andererseits kann man das Gehirn in einen unteren und oberen Abschnitt unterteilen. Das Gehirn hat sich im Verlauf der Evolution von »unten nach oben« entwickelt, wobei die Komplexität der jeweils neu entstandenen Gehirnstrukturen zunahm und damit auch die Fähigkeiten hervorbrachte, Bindungen aufzubauen, mit Sprache zu kommunizieren, Kooperationen einzugehen und letztendlich auch zu lieben.

Die drei großen Bereiche, die sich nacheinander ausgebildet haben, sind der Hirnstamm, das limbische System und der Kortex. Sie alle arbeiten idealerweise als Team, und sie haben die

Aufgabe, uns bestmöglich durch den Tag zu bringen und unser Überleben zu sichern.

Der untere Teil unseres Gehirns besteht aus folgenden Elementen:

Der Hirnstamm, auch Reptilhirn genannt, reguliert unseren Energiezustand und sorgt u. a. dafür, dass wir uns über Herzschlag und Atmung keine Gedanken machen müssen. Lauert irgendwo Gefahr, aktiviert das Reptilhirn zusammen mit dem Autonomen Nervensystem (ANS) unseren Flucht-, Angriffs- oder Erstarrungsreflex, um unser Leben zu erhalten.

Beteiligt an dem »Sicherheitsprogramm« ist auch das limbische System, unsere emotionale Schaltzentrale. In ihm finden unsere angeborenen Grundemotionen wie Freude, Überraschung, Ärger, Neugier, Angst, Trauer und Ekel ihren Ursprung. Ein wichtiger Teil davon ist die Amygdala – unsere Alarmzentrale. In Zusammenarbeit mit dem Hirnstamm und dem Autonomen Nervensystem überprüft sie ständig, ob das, was wir erleben, dem Leben dient. Durch unangenehme Emotionen signalisiert uns das emotionale Gehirn, von negativ Beurteiltem Abstand zu nehmen. Ist die Welt in Ordnung, gibt die Amygdala »grünes Licht« und wir können ungestört handeln. In der Amygdala sitzen auch sogenannte implizite, also nicht-bewusste Erinnerungen. Diese können wir mit unserem Bewusstsein nicht abrufen, doch unbewusst wirken sie als Filter für das Erkennen von Gefahren.

BEISPIEL

Karin arbeitet am Check-in-Schalter einer Fluggesellschaft. Heute ist viel los, da Flüge Verspätung haben und einige Anschlussflüge nicht mehr gewährleistet werden können. Sie ist bemüht, für die Kunden bestmögliche Lösungen zu finden. Bei einem Kunden steht der Anschlussflug am selben Tag auf dem Spiel und er verhält sich dementsprechend ungeduldig und fordernd: »Dann buchen Sie mich eben auf einen First-Class-Flug um!«. Als Karin ihm erklärt, dass diese Lösung mit seiner Ticketklasse nicht möglich ist, schlägt er mit der Hand auf den Schalter und schreit sie an: »Es interessiert mich nicht, welche Ticketklasse ich habe! Sie buchen das jetzt um!«. Das ist zu viel für Karins Amygdala und zusammen mit dem Hirnstamm und dem Autonomen Nervensystem wird das ganze Notprogramm gestartet. Ihr schießen die Tränen in die Augen und sie flüchtet in einen Raum hinter dem Schalter. Als ein Kollege für sie übernimmt, hat sie etwas Zeit darüber nachzudenken, was geschehen ist. Sie kennt diese Reaktion von sich – auch wenn sie sie überhaupt nicht mag. Immer wenn Menschen laut werden und einen wütenden Gesichtsausdruck haben, schießen ihr die Tränen in die Augen. Dann bleibt ihr nur noch die Flucht. Sie erinnert sich daran, dass ihr Vater oft auch sehr aufbrausend war. Tränen machten die Situation für sie als Kind noch schlimmer. Flucht war deshalb die beste Strategie, um in Sicherheit zu gelangen.

Karins implizite Erinnerungen, die immer noch in ihrer Amygdala abgespeichert waren, machten es ihr unmöglich, den Kunden von ihren Kindheitserlebnissen zu trennen. Die Situation erschien ihr damit bedrohlicher, als sie – aus Sicht eines neutralen Betrachters – tatsächlich war.

Das »obere Gehirn« funktioniert ganz anders: Der Kortex erzeugt, unter anderem mithilfe unserer fünf Sinne, das bewusste Wahrnehmen der Außenwelt. Ganz vorne in der Stirn, über den Augenhöhlen befindet sich der präfrontale Kortex. Hier sind u. a. Denken, Vorstellungskraft, Planung, Sprache, Ich-Gefühl, Moral und wichtige Teile der Empathiefähigkeit zu Hause. Dies versetzt uns nicht nur in die Lage, andere Menschen zu beruhigen, sondern auch, unsere eigenen emotionalen Reaktionen des limbischen Systems und die Reaktionen des Stammhirns zu regulieren. Wir vergleichen den präfrontalen Kortex auch gerne mit der Funktion eines inneren Supervisors. Er koordiniert die Zusammenarbeit zwischen den Abteilungen Kortex, limbisches System und Stammhirn. Er schaut dabei, welche Signale von außen hineinkommen, überprüft diese mit den gespeicherten Erinnerungen und den emotionalen Bewertungen. Aufgrund dieser Informationsquellen sucht er nach passenden Handlungsmöglichkeiten. Sind das obere und untere Gehirn gut miteinander verbunden, kann der Supervisor Emotionen, die von unten kommen, beruhigen. Umgekehrt kann er aber auch Informationen aus dem Körper als wichtige Intuitionsquelle für Entscheidungen nutzen.

Das Stressprogramm im Hirn

Haben wir zu wenig gegessen oder geschlafen oder sind wir anderweitig gestresst, kann eine unerwartete Situation unseren Supervisor aus der Bahn werfen. Dann verliert er den Überblick und damit die Fähigkeit, die Amygdala zu beruhigen, die jetzt

Alarm schlägt. Er wird aus der Verbindung mit dem limbischen System und dem Hirnstamm ausgeklinkt und wir werden von starken Emotionen geflutet. In dem Moment, wenn das obere und das untere Gehirn nicht mehr in Kontakt sind, übernimmt der Autopilot. Das limbische System, der Hirnstamm und das Autonome Nervensystem möchten jetzt nur noch eines: das Überleben sichern. Jetzt stehen nur noch Angriff, Flucht oder Erstarrung zur Verfügung. Im Alltag zeigt sich das in verbalen Angriffen, im Verlust des Einfühlungsvermögens, in angstgetriebener Anpassung, Rückzug oder Sprachlosigkeit. Sobald die Gefahr vorbei ist und wir uns wieder entspannen können, kommt unser Supervisor (der präfrontale Kortex) zurück in die Verbindung mit dem limbischen System und dem Hirnstamm. Jetzt steht ihm wieder die volle Kapazität zur Verfügung. Das erkennen Sie nicht selten daran, dass Sie im Nachhinein genau wissen, wie Sie hätten besser reagieren können. Kommt Ihnen das bekannt vor?

BEISPIEL

Patrick ist spät dran und findet an diesem Morgen keinen Parkplatz. Als er im Büro eintrifft, ist er genervt und es graut ihm schon vor dem anstehenden Sitzungsmarathon. Er versucht, mit einem Kaffee wieder zu sich zu kommen. Doch als er zum Trinken ansetzt, steht seine Mitarbeiterin neben ihm und möchte von ihm ein paar Dinge wissen, damit sie weiterarbeiten kann. Als er sein Mailprogramm öffnet, klingelt das Telefon und der Chef fragt, wo der Monatsbericht bleibe. Patrick denkt: »Lieber Gott – lass es Abend werden …«. Als nun jemand vom Empfang anruft und ihn fragt, weshalb er sein Auto auf den Besucherparkplatz gestellt habe, platzt ihm der Kragen. Der »Supervisor« im Kopf ist überfordert und kann den Alarm der Amygdala nicht mehr beruhigen. Das Stressprogramm nimmt seinen Lauf und er schreit ins Telefon: »Haben Sie keine anderen Probleme, als diesen dämlichen Parkplätzen nachzurennen?!? Lassen Sie mich in Ruhe!«.

Patrick hat den Anruf vom Empfang als Angriff verstanden und unbewusst die Strategie der Verteidigung gewählt. Es war sein verzweifelter Versuch, sich aus seiner misslichen Lage zu retten. Wie erfolgreich er damit war, sei dahin gestellt, denn die Dame vom Empfang beklagt sich danach bei ihrem Chef und dieser wiederum bei seinem. Das war bestimmt nicht das, was Patrick mit seiner Reaktion bezweckt hatte.

Der »soziale« Vagus

Die Beispiele von Karin und Patrick zeigen, dass Menschen auf Stress unterschiedlich reagieren und verschiedene, mehr oder weniger erfolgreiche Notfallstrategien haben, um sich wieder in Sicherheit zu bringen. Ist unser Autonomes Nervensystem erst einmal aktiviert, braucht es einen Moment, bis es wieder zur Ruhe kommt und wir wieder in Beziehung treten können. Damit Letzteres gelingt, steht uns ein weiterer neuronaler Schaltkreis zur Verfügung. Stephen Porges, ein US-amerikanischer Professor für Psychiatrie hat mit seiner Polyvagal-Theorie die Funktionsweise unseres Autonomen Nervensystems genau erforscht. Dabei hat er eine interessante Entdeckung gemacht: Neben den neuronalen Schaltkreisen für Angriff, Flucht und Erstarrung gibt es auch einen relativ »jungen« neuronalen

Schaltkreis, der nur bei Menschen und Primaten zu finden ist. Er hat sich auf das Erkennen von Mimik, Gesichtsausdrücken und Stimmen spezialisiert. Wir nennen ihn den »sozialen« Vagus. Nimmt unser Radar Gefahr wahr, schaltet er sich ab. So kann das »Notfallprogramm« Erstarrung, Flucht oder Angriff ungestört von Beziehungen losgehen. Wähnt er sich hingegen in Sicherheit, geht er »online« und trägt damit zur Entspannung bei. Dies macht Beziehungspflege dann wieder möglich.

Wenn Sie Menschen begegnen, deren Nervensystem im Flucht- und Angriff-Modus ist, kann Empathie zur Beruhigung beitragen. Die Chance steht gut, dass ihr Radar einfühlsames Nachfragen als »sicher« einstuft. Denn ein Feind würde kaum Einfühlungsvermögen aufbringen und sich schon gar nicht dafür interessieren, wie es dem »Gegner« geht. Das lädt den sozialen Vagus dazu ein, wieder aktiv zu werden und sich auf das Gegenüber einzulassen. Empathie wird also meist als ein Zeichen für Sicherheit interpretiert. Wird dies mit einem ruhigen Ton und einem freundlichen Blick unterstützt, hat das eine sehr entspannende Wirkung. Wie kann dieses Wissen im Arbeitsalltag genutzt werden?

BEISPIEL

Stellen Sie sich vor, die Dame vom Empfang hätte auf Patricks: »Haben Sie keine anderen Probleme, als diesen dämlichen Parkplätzen nachzurennen?!? Lassen Sie mich in Ruhe!«, wie folgt reagiert: »Also, wie sprechen Sie mit mir! So etwas lasse ich mir nicht bieten. Das wird Konsequenzen für Sie haben!«. Was glauben Sie, wie hätte sich das auf Patricks Nervensystem ausgewirkt? Hätte es sich beruhigt? Was aber, wenn er Folgendes gehört hätte: »Oh, Sie scheinen im Moment sehr unter Druck zu sein, nicht wahr? Brauchen Sie Entlastung und soll ich mich später nochmal bei Ihnen melden?«. Welche Reaktion hätte das wohl bei Patrick hervorgelockt?

Sind Sie selbst in Aufruhr, dann suchen Sie den Blickkontakt mit Menschen, die Ihnen wohlgesonnen sind. Das kann auch mit einem Blick auf ein Foto Ihrer Liebsten geschehen. Schenken Sie sich ein inneres Lächeln und seien Sie einfühlend mit sich selbst. In unserem TaschenGuide »Auftanken im Alltag« finden Sie viele Inspirationen dazu.

Falls Ihr Gegenüber aufgebracht ist, dann atmen Sie erst einmal tief durch. Das beruhigt das Nervensystem, verschafft eine kleine Pause und hilft, den sozialen Vagus zu aktivieren. Dann verbinden Sie sich empathisch mit Ihrem Gegenüber und versuchen, diesen Menschen mit seiner Verletzlichkeit zu sehen. Wie das genau geht, beschreiben wir in den nächsten beiden Kapiteln.

> Werden Menschen gehört und mit ihren Anliegen ernstgenommen, signalisiert das dem Nervensystem Sicherheit. Deshalb hat Empathie auch in Konflikten eine stark deeskalierende Wirkung.

Die Insel verbindet Kopf und Körper

Zum Ende unserer kleinen Gehirnkunde kommen wir zur Insula. Diese Gehirnregion ist besonders bei der Empathie relevant. Ganz vereinfacht ist die Insula (oder auch Insel) das Tor, welches das obere, denkende mit dem unteren, emotionalen Gehirn verbindet. Dieses Tor vermittelt zwischen dem inneren und dem äußeren Erleben unseres Körpers und verbindet dieses mit unseren Emotionen. Die Insula hat auch die Fähigkeit zu erkennen, was unser eigener Schmerz ist und was das Leiden anderer. Diese Fähigkeit spielt bei der Empathie eine wichtige Rolle. Wenn Sie sehen, wie sich jemand in den Finger schneidet, dann können Sie innerlich den Schmerz zwar spüren, wissen aber, dass es nicht Ihr Finger ist, der schmerzt. Diese Differenzierung ist wichtig, wenn Sie wissen wollen, wohin Sie das Pflaster kleben möchten. Ist das Tor geschlossen, weil vielleicht die innere Gefühlswelt früher als bedrohlich erlebt wurde, dann kann es schwerfallen, Mitgefühl für andere zu empfinden. Der fehlende Zugang zum eigenen Körper schneidet uns auch von unserer eigenen Lebendigkeit ab. Die gute Nachricht ist, dass mit Achtsamkeitstraining das Tor wieder geöffnet werden kann. Regelmäßige Meditationen und Achtsamkeitsübungen, die das Gewahrsein des Körpers miteinschließen, stärken die Verbindung zwischen dem oberen und unteren Gehirn. So kann die eigene Welt nach und nach besser erschlossen werden und auch die Welt derjenigen Menschen, in die wir uns einfühlen möchten.

Empathie als Grundvoraussetzung für Beziehung

Zwischenmenschlicher Kontakt prägt die Entwicklung unseres Gehirns und trägt maßgeblich dazu bei, dass wir uns gesund entwickeln. Später im Arbeitsleben trägt die sichere Bindung dazu bei, dass Menschen ihr Potenzial zur Entfaltung bringen und gemeinsam Ziele erreichen können. Die Fähigkeit, sich in andere einzufühlen, spielt dabei eine entscheidende Rolle. Deshalb laden wir Sie dazu ein, das Geheimnis der Empathie zu entdecken. Schon lange beschäftigt die Wissenschaft die Frage, was es dem Menschen ermöglicht, sich in andere einzufühlen. Wie oben dargestellt, trägt diese Fähigkeit aus evolutionärer Sicht zum Überleben bei. Ohne Einfühlungsvermögen der Mutter kann das Kind nicht überleben. Später im Leben braucht das Kind die Fähigkeit, die Emotionen anderer zu lesen, um sich seinen Platz in Gruppen zu sichern, z. B. unter Freunden, beim Sport, in der Schule. In der Arbeitswelt hilft Empathie, die gesprochenen und unausgesprochenen Botschaften von Vorgesetzten und Mitarbeitenden zu entschlüsseln. Sie unterstützt dabei, Vertrauen aufzubauen und freiwillige Kooperation zu fördern.

Spiegelneuronen?

In den 1990er Jahren entdeckten der italienische Forscher Giacomo Rizzolatti und sein Team eher zufällig die sogenannten Spiegelneuronen bei Makaken. Die Forscher beobachteten ein

Feuern von Neuronen im Großhirn der Schweinsaffen, wenn diese einen Labormitarbeiter dabei beobachteten, wie er nach einer Erdnuss griff. Die Forschung war begeistert von dieser Entdeckung und so dienten die Spiegelneuronen lange Zeit zur Erklärung vieler menschlicher Phänomene, wie z. B. dem ansteckendem Gähnen, dem Mitfiebern (oder Leiden) der Zuschauer beim Sport oder der Massenhysterie. Bis heute ist es jedoch unklar, ob es diese Neuronen im Menschen auch wirklich gibt und wo diese im Gehirn zu finden sind. Offensichtlich sind sie nur schwer zu erforschen, weil man Elektroden ins Gehirn stecken müsste, um die Aktivität der Neuronen zu messen. Einige Forscher gehen davon aus, dass bei Empathie die sogenannten Von-Economo-Neuronen (VEN) oder auch Spindelzellen involviert sind. Sie sind u. a. in der Insula zu finden und helfen uns zwischen »ich« und dem »anderen« zu unterscheiden. Nicht nur Menschen haben diese Zellen, sondern auch Elefanten, einige Wal- und Delfinarten und Menschenaffen – wenn auch in einer geringen Anzahl. Bei allen VEN-Besitzern handelt es sich um Spezies, die ein langes Jugendstadium haben, in dem sie von Eltern lernen. Ob es nun die Spiegelneuronen oder die Von-Economo-Neuronen sind oder beide, die uns dazu befähigen, uns in andere Menschen einzufühlen, wird die Zukunft zeigen.

Theory of Mind

Was jedoch klar zu sein scheint, ist, dass wir gewisse Fertigkeiten brauchen, um uns in andere Menschen einzufühlen. Dazu gehört es, Gesichtsausdrücke und Gebärden des anderen zu lesen, mit ihm in Resonanz zu gehen und gleichzeitig das eigene Erleben von dem Erleben des anderen zu unterscheiden. Früh übt sich. Kennen Sie das Phänomen, dass Babys die Gesichtsausdrücke anderer imitieren? Das Spiegeln der Gesichtsausdrücke hat zwei Funktionen. Einerseits hilft es, die Gefühle anderer in uns zu reproduzieren. Denn je nach Mimik, z.B. Mundwinkel nach oben oder nach unten, löst das in uns eine andere Körperempfindung aus. Im Alter von drei bis fünf Jahren entwickelt ein Kind die Fähigkeit, eigenes Erleben von dem anderer zu unterscheiden. Es realisiert, dass es andere Menschen gibt, die denken und fühlen. Es kann sich ausmalen, wie es anderen Personen ergeht, wenn diese etwas erleben, und was möglicherweise ihre nächsten Handlungen sind. Diese Fähigkeit, sich in die Welt des anderen hineinzudenken, wird auch »Theory of Mind« genannt. Bewusstseinsvorgänge in anderen nachzuvollziehen, kann jedoch stark geprägt sein vom Umfeld, in das wir hineingeboren wurden.

BEISPIEL

Dennis erfährt von seinem Kollegen Nils, dass dieser schwer krank ist. Er kann sich vorstellen, dass sich Nils jetzt große Sorgen um seine Gesundheit macht und ungewiss ist, wie es weitergeht. Dann würde er ihn bei einem Krankenbesuch darauf ansprechen.

Angenommen, Dennis wäre in einem Umfeld aufgewachsen, in dem nicht über Ängste gesprochen wurde, wird er davon ausgehen, dass Nils auch nicht darüber sprechen möchte. Daraufhin würde er seinem Kollegen bei einem Krankenbesuch nur vom Geschäft erzählen. Nils würde sich aber vielleicht Mitgefühl wünschen.

Jeder Mensch hat seine eigene Theory of Mind und damit seinen eigenen Blickwinkel. Er unterscheidet sich von dem aller anderen Menschen. Dies hilft zu verstehen, dass wir niemals genau wissen können, was andere Menschen denken, fühlen oder beabsichtigen. Genauso können andere Menschen nicht immer zutreffend erahnen, was uns veranlasst, auf bestimmte Weise zu handeln.

> Wenn wir wissen, dass jeder Mensch einen individuellen Blickwinkel hat, fällt es leichter, nachzufragen und damit einen Abgleich zwischen dem eigenen und dem anderen herzustellen.

Annahmen über Abläufe im Gehirn

BEISPIEL

Als Claudia ins Büro kommt, fällt ihr auf, dass ihre Mitarbeiterin Monika nicht grüßt. Sie hat ein verweintes Gesicht. Claudia reicht ein kurzer Blick, um zu erahnen, dass irgendetwas nicht stimmt. Sie fragt Monika, was los ist.

Claudias Aufmerksamkeit ist auf die Signale von Monika ausgerichtet, und vielleicht übernimmt sie unbewusst die Mimik oder Körperhaltung von Monika. Ihr Kortex aktiviert dabei eine Reihe von Feuerungsmustern, die durch die Insula an das limbische System weitergeleitet werden. Die Amygdala bewertet nun das Erlebte und Claudia reagiert wie ein Resonanzkasten mit ihrem eigenen Körper darauf. Blitzschnell reagieren ihre Muskeln und inneren Organe, wie z.B. Herz, Lunge und Darm, darauf. Diese Reaktionen werden zurück an den Hirnstamm und das limbische System und durch die Insula wieder zum präfrontalen Kortex gesandt. Dieser Prozess läuft bis hierher nicht bewusst ab. Im präfrontalen Kortex wird nun das, was in Claudia in Resonanz gekommen ist, ausgelesen und in Sprache übersetzt, womit es ins Bewusstsein gelangt. Erst jetzt fragt sie Monika, ob sie sich Sorgen macht. Über diesen Schaltkreis verschafft sich Claudia also unbewusst Zugang zu Monikas Erleben. Claudia ist sich bewusst, dass es sich bei dem, was sie erahnt, nur um eine Idee handelt. Erst der Abgleich durch das empathische Nachfragen ermöglicht ihr einen Einblick in Monikas Erlebniswelt. Sich in andere Menschen einzufühlen, ist also etwas ganz Natürliches und es geschieht oft ganz von selbst.

Durch ein vertieftes Verständnis, wie wir funktionieren, können wir lernen, unser Gehirn in eine gewünschte Richtung zu trainieren. Wir können unsere Aufmerksamkeit bewusst auf andere Menschen lenken und damit versuchen, uns Zugang zu ihrem inneren Erleben zu verschaffen. Wenn wir dabei jedoch nicht bereit sind, uns selbst für unsere eigenen inneren Zustände zu öffnen, werden wir uns nur schwer einfühlen können. Durch regelmäßige Achtsamkeitspraxis und gezielte Körperwahrnehmungs-Übungen lässt sich die Insula leichter öffnen. Das Erleben anderer Menschen wird Ihnen dadurch schneller zugänglich.

> Empathie ist wie ein Muskel, der trainiert werden kann. Je mehr Sie sich darin üben, desto größer wird Ihre Fähigkeit, mit anderen Menschen in Resonanz zu gehen.

Stufen der Empathie

In den Ansätzen der Psychologie und der Neurowissenschaften sowie im Buddhismus lassen sich viele unterschiedliche Beschreibungen von Empathie finden. Aus unseren langjährigen Erfahrungen in Trainings und in der Arbeit mit Menschen haben wir verschiedene Stufen der Empathie definiert. Modell und Haltung der Gewaltfreien Kommunikation, die wir später näher beschreiben, prägen dabei unsere Sichtweise. Wir beleuchten damit, in welcher Intensität wir uns anderen nähern können.

Stellen Sie sich vor, jemand hört von einem nahen Bekannten, dass diesem nach 15-jähriger Betriebszugehörigkeit in einem Finanzunternehmen unerwartet gekündigt wurde.

Stufe 1 – intellektuelles Vermuten

Die erste Stufe von Empathie ist, kognitiv zu vermuten und zu bewerten, wie es dem Bekannten gehen könnte. Eine mögliche Reaktion könnte sein: »Das ist wirklich tragisch«. Der Beobachter bleibt eher im Kopf und bewertet das Geschehene. Hier kommt auch die Theory of Mind ins Spiel, also die Fähigkeit zu verstehen, was andere Menschen denken und fühlen könnten: »Du musst am Boden zerstört sein«. Naheliegend wäre dann vielleicht eine Tendenz zu globalen Ratschlägen: »Die Bankmanager heutzutage sind kriminell. Da müsste die Politik einen Riegel vorschieben«. Oder eine Neigung zu intellektuellem Klären: »Hast du abgeklärt, ob das rechtlich überhaupt möglich ist?« Oder er denkt sich: »Da kann man gar nichts machen«. Er schaltet vielleicht innerlich ab und vermeidet eher das Gespräch.

Stufe 2 – Sympathie, Mitleid

Körperlich Emotionen wahrzunehmen, mit eigenen Erfahrungen zu vermischen oder sich fluten zu lassen bis zur Überwältigung – darin besteht die zweite Stufe. Eine mögliche Reaktion wäre: »Da kommt mir meine frühere Situation in den Sinn. Das war wirklich schlimm, nicht zu wissen, wie es weitergeht. Ich an deiner Stelle würde gleich alle Jobbörsen aktivieren«. Der Beobachter ist im Mitleiden. Er erinnert sich womöglich an eine Zeit, in der seine Arbeitsstelle gefährdet war, und daran, mit welchen existenziellen Ängsten er zu kämpfen hatte: Es fällt schwer, das eigene Erleben vom Erleben des anderen zu trennen. Nahe liegt dann die Tendenz zu Hilflosigkeit und Ohnmacht: »Der Arbeitsmarkt ist so schlecht und in unserem Alter haben wir sowieso keine Chance mehr«. Wenn wir das Leiden anderer zu unserem eigenen machen, steigt die Burnout-Gefahr.

Stufe 3 – Empathie, Mitgefühl

In der dritten Stufe sind wir in emotionaler Resonanz damit, wie es jemandem geht, und wir sind präsent mit dem, was der andere erlebt. Eine mögliche Reaktion wäre: »Hört sich an, als wärst du ziemlich schockiert und fragst dich jetzt, wie es weitergeht?« Die Aufmerksamkeit liegt vollständig beim anderen. Wir nehmen körperlich Emotionen wahr, erkennen jedoch, dass es nicht unsere eigenen Gefühle sind, sondern die des anderen Menschen, mit denen unser eigenes System – fast unweigerlich – in Resonanz geht. Dieser Prozess ist getragen von Wohlwollen. Er entspringt dem Bewusstsein, dass Leben endlich und kostbar ist und dass Schmerz, Verletzlichkeit und Fehlbarkeit dazugehören. Der Zuhörer hat das Vertrauen, dass Menschen aus eigener Kraft Lösungen finden können, wenn sie sich ihrer Bedürfnisse klar sind. Er ist sich bewusst, dass allein seine achtsame Gegenwart diesen Prozess unterstützt. Diese Unterscheidung macht deutlich, dass wir mit einer adäquaten Form des Mitgefühls verhindern können, dass uns das Leiden anderer überwältigt oder hinunterzieht.

Die Wirkung von Empathie

Empathie wirkt meist unmittelbar auf den sozialen Vagus, denn sie ist ein Ausdruck von Fürsorge. Das weckt Vertrauen und öffnet für Gespräche. Studien, z. B. von Daniel Siegel, belegen, dass sich Empathie signifikant auf die körperliche und seelische Gesundheit auswirkt. In einem wissenschaftlichen Test wurden Studierende mit einer Erkältung untersucht. In der einen Testgruppe nahm der Arzt Blickkontakt mit den Studierenden auf und zeigte Mitgefühl: »Es muss unangenehm sein, so kurz vor der Prüfung eine Erkältung zu haben«. In der anderen Testgruppe konzentrierte sich der Arzt auf Fakten, schaute oft in seinen Computer und verschrieb ein Rezept. Die Studierenden der ersten Gruppe waren fast durchgehend einen Tag früher gesund. Dies lässt erahnen, welche Auswirkungen dies im täglichen Miteinander oder bei der Arbeit haben kann.

Auf einen Blick: Beziehung als Lebenselixier

- Viele Menschen sehnen sich nach Arbeitsbedingungen, in denen sie sich mit ihren Begabungen entfalten und mitgestalten können.
- Menschen sind soziale Wesen, die sich nach Bindung sehnen. Die Art und Weise, wie sie in ihren frühen Lebensjahren Bindung erleben, wirkt sich darauf aus, wie sie später mit anderen Beziehungen gestalten. »Sichere Bindung« kann auch später im Leben noch erfahren und entwickelt werden.
- Unsere biologische Grundausstattung im Gehirn und unser Autonomes Nervensystem steuern unser Wohlbefinden und unsere Stressprogramme.
- Empathie als Technik ohne Herz wirkt nur sehr eingeschränkt. Halten Sie sich vor Augen, dass wir menschlich sind und wahrgenommen werden möchten.

Wie wir in Gesprächen Brücken bauen

Wertschätzung gehört zu den universellen Bedürfnissen, die alle Menschen teilen. Sie ist kein statischer Zustand, sondern wird erst durch aktives Tun erlebbar.

In diesem Kapitel erfahren Sie,

- wie Sie Ihre empathischen Kompetenzen stärken,
- welche innere Haltung im Kontakt mit anderen hilfreich ist,
- wie die Gewaltfreie Kommunikation Sie dabei unterstützt, in eine wertschätzende Verbindung zu kommen,
- was Zuhören in der Gewaltfreie Kommunikation bedeutet und
- was Menschen befähigt, eigenverantwortlich zu handeln.

Die fünf Schlüsselfaktoren der Empathie

In unserer Arbeit als Trainerinnen und Coachs, aber auch einfach als Menschen haben wir uns die Frage gestellt, welche Faktoren Empathie begünstigen. Die für uns wichtigsten können Sie an einer Hand abzählen:

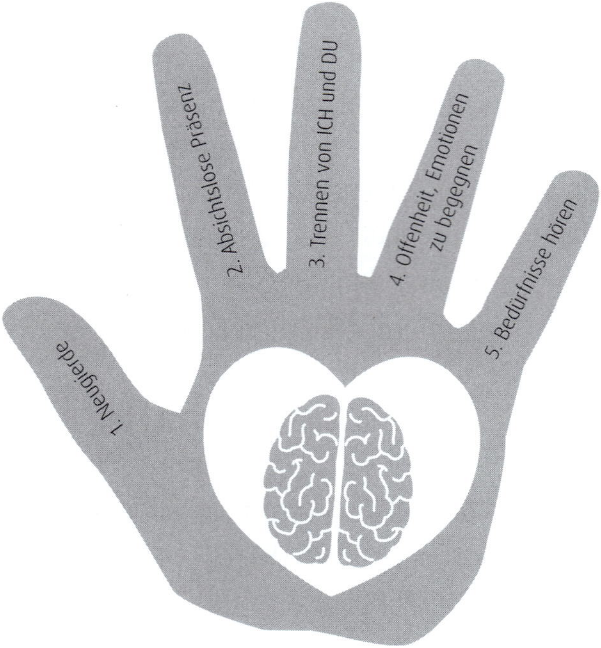

Die fünf Schlüsselfaktoren der Empathie

Schlüsselfaktor 1: Neugierde

Haben Sie echtes Interesse am Menschen – und seien Sie in diesem Sinne neugierig. Stellen Sie sich vor, Sie wüssten gar nichts über Ihr Gegenüber und Sie möchten herausfinden, was diese Person denkt, fühlt oder braucht. Lassen Sie sie erzählen.

Übung

Erinnern Sie sich an die letzten 48 Stunden: Was war die »fremdeste« Begegnung für Sie? Vom Obdachlosen bis zu jemandem im Arbeitsumfeld, dessen Verhaltensweise für Sie nur schwer verständlich war – stellen Sie sich vor, Sie würden diese Person in einem Film möglichst authentisch darstellen. Was würden Sie aus dieser Perspektive alles entdecken?

Schlüsselfaktor 2: Absichtslose Präsenz

Präsenz ist das Geschenk, das Sie anderen machen können, wenn Sie Ihr Herz öffnen und dem anderen Raum geben mitzuteilen, was in ihm gerade lebendig ist. Innerlich sind Sie ganz »leer« – ohne Gedanken oder Lösungsvorschläge. Dafür sind Sie konzentriert auf die Worte und Gesten Ihres Gegenübers. Atmen Sie ruhig und lassen Sie sich überraschen, was im Gespräch passiert. Sehen Sie sich nicht verantwortlich für die Lösung – sie wird in der Regel im Gegenüber von alleine entstehen. Und manchmal ist die Zeit auch noch nicht reif für eine Lösung – auch das ist dann gut so.

Übung

Achten Sie am Arbeitsplatz, in der Familie oder im Verein auf Menschen, die sich gerade über irgendetwas aufregen. Nehmen Sie einen tiefen Atemzug und nehmen Sie zuerst Ihre persönliche Befindlichkeit als Beobachterin wahr. Wie geht es Ihnen, wie reagiert Ihr Nervensystem auf das, was Sie sehen oder hören? Dann richten Sie Ihre Achtsamkeit auf diese Person. Atmen Sie dabei ruhig und sehen Sie den Menschen in seiner Verletzlichkeit vor sich. Schenken Sie ihm (innerlich) ein Lächeln des Mitgefühls und seien Sie nur präsent bei ihm. Lassen Sie sich überraschen, was das bewirkt.
Mit dieser Übung, die Sie z. B. auch in der Straßenbahn machen können, trainieren Sie auch die Öffnung Ihrer Insula.

Absichtslose Präsenz kann in der Hektik des Alltags eine Herausforderung sein und etwas Übung brauchen. Seien Sie deshalb auch ehrlich zu sich selbst. Sobald Sie bemerken, dass Sie z. B. im Dialog nicht mehr uneingeschränkt aufmerksam beim anderen bleiben können, stehen Sie zu sich und sprechen Sie es an. Das kann in einer Weise geschehen, die wir im folgenden Kapitel als aufrichtige Selbstmitteilung beschreiben: »Ich merke, dass ich im Moment nicht die Aufmerksamkeit habe, um dir so zuzuhören, wie ich es gern täte«. Danach können Sie fragen, wie es dem anderen damit geht, das Gespräch beenden, eine Vertagung oder eine andere Handlung vorschlagen.

Schlüsselfaktor 3: Trennen von Ich und Du

Mitfühlende Menschen haben die Fähigkeit, ihre eigenen Emotionen von denen der anderen zu unterscheiden. Sie erkennen, was von dem, was sie wahrnehmen, bei ihnen selbst Schmerz anrührt und was davon der Schmerz des Gegenübers ist. Diese Fähigkeit hält sie handlungsfähig und wach. Sie ermöglicht es ihnen, die Aufmerksamkeit ganz beim Du zu behalten oder das Gespräch in einem Dialog bewusst auf die Ich-Seite zu lenken. Im letzten Beispiel ist es Claudia gelungen, die Emotionen auseinanderzuhalten und bewusst ihre Aufmerksamkeit auf die Du-Seite zu lenken.

Marshall B. Rosenberg, der geistige Vater der Gewaltfreien Kommunikation, hat die Fähigkeit des Trennens vom Ich und Du mit dem Bild des Surfens erklärt. Wenn Sie empathisch zuhören, dann reiten Sie mit dem Surfbrett auf der Energiewelle des anderen. Sie versuchen, die Welt aus seiner Perspektive anzusehen. Dabei erforschen Sie, wie es dem Gegenüber in seiner aktuellen Lebenssituation gehen und welche Gefühle und Bedürfnisse es haben könnte. Das ist jedoch leichter gesagt als getan. Es braucht nicht viel, um wie beim Wellensurfen vom Surfbrett zu fallen. Wenn Sie das Gesagte an eigene Erlebnisse erinnert oder wenn Sie beim Zuhören an etwas ganz anderes denken, dann ist die Präsenz nicht mehr beim Gegenüber. Gestehen Sie sich zu, dass das in Gesprächen passieren kann. Wichtig ist nur, dass Sie es merken. Dann haben Sie die Wahl zu entscheiden, ob Sie die Kraft haben, dabei zu bleiben und Ihre Aufmerksamkeit wieder zum Gegenüber zu lenken, oder ob Sie das Gespräch lieber abbrechen oder vertagen.

Übung

Rufen Sie sich ein Gespräch in Erinnerung, in dem Sie jemandem zugehört haben. Fragen Sie sich: Wie viel Zeit habe ich auf dem Surfbrett des anderen verbracht? Welche Aussagen haben eigene Gefühle in mir hervor gebracht? Welche Gedanken hatte ich beim Zuhören auch noch nebenbei, die nichts mit dem Gespräch zu tun hatten? Wie ist mir der Übergang von meinem Surfbrett auf das des Gegenübers gelungen? Nehmen Sie wahr, ohne zu bewerten. Vielleicht gelingt es Ihnen sogar, in einem zukünftigen Gespräch einmal die Vogelperspektive (Metaebene) einzunehmen. Wenn das gelingt, können Sie nämlich entscheiden, wohin Sie Ihre Präsenz als Nächstes richten möchten.

Schlüsselfaktor 4: Offenheit, Emotionen zu begegnen

Gerade im Businessumfeld sind Emotionen oft ein Tabu. Man zeigt sich nicht verletzlich. Wenn es dann doch jemand tut, läuft das Gegenüber Gefahr, das Gehörte persönlich zu nehmen und sich schuldig an den Gefühlen des anderen zu fühlen. Mit Schuldgefühlen lässt es sich nur schwer aufmerksam bleiben. Das Zuhören wird auch dann schwierig, wenn wir befürchten, starke Emotionen eines anderen Menschen nicht aushalten zu können. Manchmal lösen starke Angst oder großer Schmerz beim Zuhören einen Impuls aus abzulenken oder zu flüchten. Im Kapitel »Das mitfühlende Gehirn« vergleichen wir Gefühle mit Warnlampen, die uns darauf hinweisen, dass Bedürfnisse erfüllt oder nicht erfüllt sind. Wenn es uns gelingt, den Fokus neugierig beim anderen zu halten und herauszufinden, worum es der Person geht, entspannt sich die Situation in der Regel schnell. Zeigen Sie Stärke und geben Sie Gefühlen Raum. Gefühle sind wie Kinder, die gehört werden möchten. Einmal richtig gehört, ist die Sache oft »erledigt« und man kann sich auf die nächsten Schritte konzentrieren.

Übung

Das Benennen von Emotionen hat eine entspannende Wirkung. Studien an der University of California, Los Angeles (UCLA), haben ergeben, dass die Benennung eines Gefühls die limbische Aktivität der Amygdala eindämmt. Dort spricht man auch von »name it to tame it«, was so viel bedeutet wie: »benenne es, um es zu zähmen«. Hören Sie jemandem zu und sprechen Sie innerlich die Emotionen an, ohne diese nach außen kundzutun: »Die Chefin ist wütend, mein Partner ist traurig, mein Kind hat Angst ...«. Atmen Sie dabei ruhig und seien Sie neugierig, wie sich das auf das Gespräch auswirkt.

Schlüsselfaktor 5: Bedürfnisse hinter dem Gesagten hören

Sind Menschen innerlich in Not und haben sie Angst, dass ihre Bedürfnisse nicht erfüllt werden könnten, verwenden sie in ihrer Verzweiflung manchmal eine Sprache, die nur schwer zu verstehen ist. Sie sagen dann vielleicht: »Lässt du dich auch wieder mal blicken?!?«, und meinen damit: »Ich bin so froh, dass du vorbeikommst. Ich fühle mich einsam und habe Lust auf Austausch«. Wenn wir die Menschen beim Wort nehmen und nicht beim Herzen, dann laufen wir Gefahr, dass wir uns selbst in Verteidigungsattacken verstricken. Deshalb spitzen Sie Ihre Ohren und hören Sie hinter Gesagtem Bedürfnisse. Im nächsten Kapitel gehen wir dieser Fähigkeit noch genauer auf den Grund – auch mit der Übung »Killerphrasen übersetzen«.

Kopf und Herz im Gleichgewicht

Empathie gelingt besonders gut, wenn Sie auch Ihr Herz involvieren. Es ist der Ort, wo Berührung stattfindet – wo wir uns im Mensch-Sein begegnen. Hier kann die Wärme entstehen, die Mitgefühl besonders wirksam macht. Deshalb ist das Herz in der Handfläche die Basis für alle fünf Faktoren (Finger) der Empathie – nicht nur privat, sondern auch im Business. Egal, welche Rolle wir in einem Moment einnehmen, wir sind dabei immer Mensch. Diese Gegebenheit lässt sich nicht so einfach am Eingang des Büros abstreifen wie einen Mantel, den wir erst auf dem Heimweg wieder überwerfen.

Übung

Die Übung lehnt sich an die Metta-Meditation an, die aus den mündlich überlieferten Lehren des Buddha stammt. Überlegen Sie sich, was Sie sich für Ihr Leben von ganzem Herzen wünschen. Wonach sehnen Sie sich? Formulieren Sie Sätze wie: »Möge ich gesund sein«, »Möge ich friedvoll und gelassen sein«, »Möge ich sicher sein«. Lassen Sie das einen Moment auf sich wirken. Wie fühlt sich das an? Es können sich Gefühle von Dankbarkeit bis Trauer zeigen. Nehmen Sie diese Gefühle an, ohne zu bewerten. Jedes davon ist Ausdruck Ihrer Sehnsucht.
Als Nächstes denken Sie an eine Person in Ihrem aktuellen Leben, die Sie mögen. Verbinden Sie sich mit Ihren Herzenswünschen für sich selbst und richten Sie dann Ihre Aufmerksamkeit auf diese Person. Wünschen Sie nun der Person Ihre Herzens-Anliegen: »Mögest du gesund sein«, »Mögest du friedvoll und gelassen sein«, »Mögest du sicher sein«. Lassen Sie sich Zeit für diese Schritte und atmen

Sie dabei bewusst ein und aus und nehmen Sie in Ihrem Körper wahr, was das mit Ihnen macht.
Sind Sie mit diesen Schritten vertraut, können Sie die Übung auf Menschen ausweiten, die Sie vielleicht nicht so sehr mögen. Sie können die Übung regelmäßig wiederholen und beobachten, wie sich das auf Ihre Empathiefähigkeit auswirkt.

Je nach Lebenssituation kann es herausfordernd sein, sich selbst die guten Wünsche zu schenken oder sie Menschen zukommen zu lassen, die Sie weniger mögen. Vielleicht schleichen sich sogar Gedanken ein, die Ihnen nicht so gut gefallen, weil Sie einer Person im Moment gar nichts Gutes wünschen wollen. Nehmen Sie es wahr, ohne zu bewerten, und erinnern Sie sich daran, dass auch dies einen Ausdruck Ihres Mensch-Seins in diesem Moment widerspiegelt. Manchmal kann man etwas nicht auf Anhieb. Werden Sie sich bewusst, weshalb Sie diese Übung machen wollen. Was ist Ihre Absicht? Wenn Sie damit verbunden sind, dann versuchen Sie es einfach noch einmal. Manchmal hilft es auch, die »Dosis« zu verringern und jemandem erst »ein wenig« von all dem zu wünschen. Spielen Sie damit.

Was unsere Empathie behindert

In der guten Absicht, Menschen mit Empathie zu unterstützen, vergessen wir manchmal, dem Gegenüber auf Augenhöhe zu begegnen. Wir wählen dann Handlungen, die den anderen eher in die Rechtfertigung oder ins Selbstmitleid führen oder mögliche Feindbilder verstärken:

- Ratschläge und Lösungen anbieten, d. h. alle Versuche, den anderen zu retten, zu schützen oder ihm dabei zu helfen, dass er sich besser fühlt: »Komm, wir gehen jetzt gemeinsam zum Chef und sprechen mit ihm«.
- Trösten: »Es wird schon wieder ...«.
- Beschwichtigen: »Reg dich nicht auf ...«.
- Mitleid empfinden oder äußern: »Du tust mir ja so leid ...«
- Interpretieren, analysieren oder intellektuell nachfragen: »Der Kunde will dich doch über den Tisch ziehen!«, oder »Wie lange ist das schon so? Wer ist da beteiligt? Warum ...?«
- Rechtfertigen, zustimmen, entschuldigen.
- Mit dem Leid anderer vergleichen, von sich selbst sprechen: »Das habe ich auch schon erlebt ... Das war so schrecklich ...«.
- Verantwortung für eine Lösung übernehmen: »Mir wird schon etwas einfallen, was du machen kannst«.
- Ablenken von aktuellen Gefühlen und Bedürfnissen oder Empathie für beteiligte Abwesende: »Du musst den Kunden auch verstehen ...«.
- Die Situation mit Humor entschärfen.
- Wertende Gedanken einbringen: »Du bist halt einfach zu nett! Da wundert mich gar nichts ...«.
- Gedanken der Erzählerin verstärken: »Ich finde auch, dass dein Chef immer nur an sich denkt«.
- Die Aufmerksamkeit in Vergangenheit oder Zukunft lenken: »Warst du da letzte Woche total überfordert?«

Kommt Ihnen das eine oder andere bekannt vor? Dann sind Sie in guter Gesellschaft, denn diese Verhaltensweisen sind in unserer Gesellschaft verbreitet. Was können Sie aber stattdessen tun? In dem Wunsch, nichts falsch machen zu wollen, verlieren wir oft den Kontakt zu uns selbst und zum anderen. Besinnen Sie sich darauf, dass Menschen in erster Linie gehört werden wollen. Gespräche sind dann besonders effektiv, wenn der Fokus auf dem Hier und Jetzt liegt. Nachhaltiges persönliches Wachstum findet statt, wenn die gegenwärtigen Emotionen berührt werden. Wenn Sie empathisch sind, erforschen Sie also, wie es der Person jetzt gehen könnte, und nicht, wie es ihr damals erging. Wir lösen Probleme nicht in der Vergangenheit, sondern immer in der Gegenwart.

Die Haltung in der Empathie

In unseren Trainings erleben wir ein großes Bemühen, das empathische Zuhören möglichst »gut« zu machen. Die Konzentration darauf, die »richtigen« Worte zu finden, führt die Aufmerksamkeit ins intellektuelle Denken. Das hat Auswirkungen auf unsere empathische Präsenz, »mit dem Herzen zuzuhören«. Inwieweit unser Gegenüber sich gehört und verstanden erlebt, hängt weniger von unseren Worten als von unserer inneren Haltung ab.

> Wenn Menschen wirklich gehört und verstanden werden, steigt die Bereitschaft zur Veränderung. (Marshall B. Rosenberg, Begründer der Gewaltfreien Kommunikation)

Einige der folgenden Prinzipien der Gewaltfreien Kommunikation unterstützen Sie dabei, sich von der Anstrengung nach einer Lösungssuche freizumachen.

Checkliste: Innere Haltung der Empathie
Alles, was Menschen tun, dient der Erfüllung von Bedürfnissen.
Menschen tun zu jedem Zeitpunkt das Beste, was ihnen gerade zur Verfügung steht.
Jede Form von (Selbst-)Kritik, (Selbst-)Urteilen oder (Selbst-)Vorwürfen ist Ausdruck von nicht erfüllten Bedürfnissen.
Jeder Mensch hat bemerkenswerte Ressourcen, die ihm erfahrbar werden, wenn er durch Empathie mit ihnen in Kontakt kommt.

Stellen Sie sich vor, Sie machen sich diese Annahmen zu eigen – wie könnte sich das auf Ihre Art des Zuhörens auswirken? Wenn Sie sich auf diese wertschätzende Haltung besinnen, dann können Sie auch in prekären Situationen leichter eine andere Blickrichtung einnehmen: nämlich anstatt etwas lösen oder gut machen zu wollen, dem Gegenüber Ihre Präsenz schenken und gemeinsam mit ihm seine Welt entdecken.

Das Modell der Gewaltfreien Kommunikation

Die Gewaltfreie Kommunikation (GFK), von uns auch wertschätzende Kommunikation genannt, wurde von Marshall B. Rosenberg entwickelt und in über 40 Jahren weltweit verbreitet. Als international anerkannter Konfliktmediator setzte er sie rund um den Globus ein: in Kriegs- und Krisengebieten wie Afghanistan, Israel und Palästina, um festgefahrene Konflikte zu entschärfen. Auch in Schulen, Kliniken, im Management und in Familien zeigt sich sein Ansatz als wirkungsvoll, um vom verbalen Schlagabtausch zum friedlichen Miteinander zu kommen. Marshall B. Rosenberg widmete sein Leben der Vision, eine Welt zu schaffen, in der die Bedürfnisse aller Menschen auf friedvolle Art und Weise erfüllt werden. Diese Vision entstand aus seiner eigenen Lebensgeschichte: Aufgrund seiner jüdischen Herkunft wurde er als Schuljunge häufig gehänselt und sogar geschlagen. Aufgewachsen in Detroit, war er mit seiner Familie von Rassenunruhen betroffen. Doch zum Glück prägte nicht nur Gewalt sein Leben. Sein Onkel Julius lebte ihm durch die tägliche Pflege seiner Großmutter liebevolle Fürsorge und Empathie vor.

Rosenberg trieben also schon zu Jugendzeiten zwei bedeutsame Fragen um: Was bewegt Menschen dazu, sich gegenseitig Leid zuzufügen, und was bringt sie dazu, unter schwierigsten Umständen einfühlsam zu sein? Auf der Suche nach Antworten studierte Marshall Psychologie, Soziologie und vergleichende Religionswissenschaften. 1961 promovierte er in klinischer Psychologie. Und er kam zu zwei für ihn prägenden Erkenntnissen. Erstens: Es ist wichtig, bei der Behandlung von Patienten jeweils das ganze System einzubeziehen. Zweitens: Aktives Zuhören kann maßgeblich zur Heilung beitragen. Zu dieser Zeit arbeitete er mit Aktivisten der Bürgerrechtsbewegung. Er vermittelte auch zwischen so genannten aufsässigen Studenten und der Verwaltung der Universität. Er unterstützte daneben Schulen bei den Bestrebungen, die Rassentrennung aufzuheben. Die GFK bewährt sich seitdem als ein starkes Werkzeug, um Differenzen auf der persönlichen, beruflichen und politischen Ebene zu lösen.

BEISPIEL

In den 1970er-Jahren lernte Marshall B. Rosenberg in St. Louis den afroamerikanischen Bandenchef Al Chappelle kennen. Marshall besprach gerade mit einem Kirchenrat, wie sie den Menschen die GFK näherbringen könnten, als Chappelle in die Runde platzte. Er beschimpfte Marshall und meinte es reiche, wenn die Weißen ihr Geld den Schwarzen gäben. Auf gute Ratschläge könnten die Schwarzen getrost verzichten. Marshall hörte dem Bandenchef auf eine Art und Weise zu, die den Mann überraschte. Er drehte sich um und verließ den Raum. Als Rosenberg zurück zu seinem Auto kam, wartete Al Chappelle auf ihn. Er sagte: »Was hast du mit mir gemacht?« Worauf Marshall sagte: »Ich habe dir so zugehört, wie ich den Menschen beibringe, miteinander zu sprechen«. »Das möchte ich auch lernen«, sagte Chappelle, und so entstand eine enge Freundschaft zwischen den beiden. Rosenberg führte Chappelle in die GFK ein und dieser unterstützte ihn bei der Schlichtung von Konflikten in den Großstadt-Ghettos.

Verbinden statt manipulieren

Sprachliche Gewalt oder Dominanz findet sich in Formulierungen, die wir auch Manipulation durch Sprache nennen: Es ist jeglicher Versuch, von den momentanen Befindlichkeiten und Bedürfnissen des anderen abzulenken. Aussagen wie »Das ist doch nicht so schlimm«, oder »Das hätten Sie wissen müssen«, sind Beispiele dafür, wie sich diese Ablenkung anhören kann.

GFK hingegen verbindet faktische Klarheit mit emotionaler Intelligenz in einer handlungsorientierten Sprache. Anstatt bei Störungen im Miteinander nach Fehlern und Schuldigen zu suchen, wenden Sie den Blick in eine andere Richtung. Auf diese Weise können Sie Türen öffnen:

- Was genau ist passiert?
- Wie geht es mir dabei?
- Was ist der Kern meines Anliegens (Bedürfnis)?
- Worum kann ich andere bitten, damit meine Bedürfnisse respektiert oder erfüllt werden?

Diese Art von Verständnis für sich selbst schafft erst die Grundlage dafür, anderen einfühlend begegnen zu können. Danach ergründen Sie empathisch forschend die Welt der anderen Person:

- Wie sieht sie die Situation?
- Wie geht es ihr möglicherweise?
- Was könnte ihr Kernanliegen sein? (Bedürfnis)
- Was hätte sie gerne von mir oder anderen?

Der Fokus liegt zunächst darauf, miteinander in Kontakt zu kommen. Empathie ist dabei ein Schlüsselfaktor. Was sind die wirklichen Anliegen hinter den Positionen? Sind diese auf beiden Seiten gefunden, ist der Schritt zu Lösungen nicht mehr weit.

Verantwortung übernehmen in vier Schritten

Bei Störungen im Miteinander können Sie also mit der GFK offen und ehrlich Klartext reden. Sie übernehmen Verantwortung für Ihr eigenes Handeln und sagen Ihrem Gegenüber konkret und ohne Anklage, was Sie gerne anders hätten. Auf diese Weise wahren Sie auch die Grenzen der anderen Person und erhöhen die Bereitschaft zur Kooperation. Die GFK macht dies mit Hilfe von vier Schritten möglich. Dieser Rahmen gibt Ihnen eine Orientierung in Form eines Geländers, das Sie jederzeit greifen können. Vor allem führt Sie diese bewusste Wahl der Sprache dahin, eine Haltung von Eigenverantwortung und Gleichwertigkeit zu fördern.

Die vier Schritte der GFK

Die vier Schritte der Gewaltfreien Kommunikation	
1.	Beobachten, ohne zu bewerten: Was genau ist geschehen? Worauf beziehen Sie sich im Gespräch?
2.	Befinden ohne Gedanken oder Analysen: Wie geht es Ihnen, wenn Sie das sehen, hören, wahrnehmen?
3.	Bedürfnisse, die nicht an bestimmte Personen oder Objekte gebunden sind: Welches Bedürfnis kommt im Moment zu kurz und will wahrgenommen oder erfüllt werden?
4.	Bitten und konkrete Handlungsstrategien, die an bestimmte Personen gebunden sind: Was wollen Sie jetzt konkret tun, um Ihr Bedürfnis zu erfüllen?

Der Prozess der GFK in Form der liegenden Acht

Ich: Aufrichtigkeit	Ziel des Dialogs: wertschätzende Verbindung	Du: Empathie
Sich selbst wahrnehmen und aufrichtig ausdrücken		Die andere Person wahrnehmen und empathisch zuhören
1. Beobachtung **2.** Befinden **3.** Bedürfnis **4.** Bitte		**1.** Beobachtung **2.** Befinden **3.** Bedürfnis **4.** Bitte

Die Person, die das Gespräch initiiert hat, richtet ihre »Sensoren« zunächst nach innen, um sich klarzumachen, worum es ihr geht. In vier Schritten drückt sie dann ihr Anliegen klar aus, wie die aufrichtige Selbstmitteilung zeigt.

BEISPIEL

Vorgesetzte: »Der Kunde sagte mir, dass Sie das Angebot nicht rechtzeitig geliefert haben und er deshalb zum Mitbewerber geht. Von Ihnen hörte ich, dass alles erledigt ist (Beobachtung). Ich bin irritiert (Befinden) und möchte das gern verstehen (Bedürfnis). Was ist passiert (Bitte)?«

Mitarbeiterin: »Der Kunde hatte zu meinem Angebot noch einen Änderungswunsch. Den habe ich ihm am selben Tag geschickt. Dann meinte er, dass er sich inzwischen für eine günstigere Offerte entschieden habe.«

Nach der Antwort des Gegenübers richten sich der Blick und die »Sensoren« der Initiatorin nach außen. Empathisch auf andere einzugehen, bedeutet zunächst einmal, die Brille des Wohlwollens aufzusetzen und die guten Absichten hinter dem Handeln neugierig zu erforschen. Der Prozess der Empathie verläuft nicht linear, sondern folgt den Anliegen der anderen Person eine Weile, bis eine erste Entspannung eintritt.

BEISPIEL

Vorgesetzte: »Er hat Ihnen im Nachhinein von einem günstigeren Angebot erzählt (Beobachtung). Ich vermute, das frustriert Sie (Befinden). Und Sie möchten mit Ihrem Bemühen gesehen werden (Bedürfnis)?«

Mitarbeiterin: »Ja, ich habe mir ein Bein ausgerissen, damit er alles rechtzeitig bekommt und dann spielt er uns aus.«

Vorgesetzte: »Geht es Ihnen dabei auch um Offenheit und Transparenz (Bedürfnis)?«

Mitarbeiterin: »Ja, das hätte die Arbeit wirklich vereinfacht. Und vielleicht wären wir uns noch einig geworden, wenn ich gewusst hätte, worum es ihm wirklich geht.«

Wenn die Bedürfnisse des Gegenübers erkannt sind, geht die Aufmerksamkeit zurück zur Gesprächsinitiatorin. Der Wechsel zwischen beiden Seiten wiederholt sich so lange, bis sie den Eindruck hat, dass alle Anliegen auf dem Tisch sind. Erst danach können Lösungen verhandelt werden, die beide zufriedenstellen.

BEISPIEL

Vorgesetzte: »Da haben Sie sich wirklich eingesetzt, um den Kunden zufriedenzustellen. Das erleichtert mich, danke. Gleichzeitig bin ich noch unruhig (Befinden), denn mir ist wichtig, alles auszuloten, was zur beiderseitigen Transparenz beiträgt (Bedürfnis). Haben Sie jetzt eine Idee, wie Fakten in der Auftragsklärung künftig früher auf den Tisch kommen können (Bitte)?«

Mitarbeiterin: »Ich könnte den Kunden nochmals fragen, was er gebraucht hätte, um mir das früher zu sagen. Und für die Zukunft könnte ich gleichzeitig zum Angebot einen Telefontermin vereinbaren, um sofort alle offenen Fragen zu besprechen.«

Vorgesetzte: »Das gefällt mir. Erzählen Sie mir danach, wie das Gespräch gelaufen ist?«

Nehmen Sie aus dem Beispiel eine Idee davon mit, was Worte bewirken können? Sie können Türen schließen oder öffnen. Wenn es Ihnen gelingt, sich in die Schuhe von anderen zu stellen (im Bewusstsein, dass es nicht Ihre Schuhe sind), dann steigen die Chancen für eine friedvolle Verständigung und dafür, dass jeder bekommt, was er braucht.

Ich-Aufrichtigkeit

1. Beobachtung

Das rechteckige Symbol steht für »die Szene im Kasten«. Es geht bei der Beobachtung darum, eine möglichst wertfreie Beschreibung des Geschehens wiederzugeben, als ob Sie einen Film drehen würden. Gelingt es Ihnen, die real geschehene Situation faktisch zu beschreiben, dann sinkt die Gefahr, in Widerstände zu laufen. Ihr Gesprächspartner erfährt konkret, worauf Sie sich beziehen und kann dadurch offen bleiben, ohne zu korrigieren oder sich zu rechtfertigen. Vermeiden Sie Verallgemeinerungen und Pauschalisierungen.

BEISPIEL

»Das Protokoll ist unvollständig.« »Was meinen Sie damit? Ich habe doch alles aufgeschrieben, was wir besprochen haben.« Stattdessen: »Ich kann im Protokoll den Beschluss über die Präsenzzeiten am Telefon nicht finden …«

2. Befinden

Das Befinden spiegelt Ihre Emotionen wider, die wie Wellen kommen und gehen – deshalb verwenden wir dafür das Symbol der Welle. Gefühle sind schneller als der Verstand. In Sekundenbruchteilen bewerten wir Situationen als angenehm, gefährlich, spannend usw. Wie beschrieben, kann das lebensrettend sein. Gleichzeitig können wir unsere Befindlichkeiten auch als Wegweiser im Alltag nutzen. Sie zeigen uns, ob etwas stimmt oder nicht stimmt, ob Bedürfnisse erfüllt werden oder auf der Strecke geblieben sind. Wie ein Bordcomputer im Auto gibt Ihnen Ihre emotionale Intelligenz die Richtung an. Melden sich eher angenehme Gefühle, dann haben sich Bedürfnisse erfüllt und Sie sind vermutlich im Fluss Ihrer Lebensenergie. Nehmen Sie eher unangenehme Gefühle wahr, dann zeigen diese an, dass Bedürfnisse erfüllt werden wollen.

Versuchen wir, starke Gefühle, wie z.B. Trauer oder Schmerz, zu unterdrücken, so entstehen bei anderen Irritationen und dadurch Raum für Interpretationen. Nicht selten wird dies als Aggression oder Arroganz gedeutet. Im Kontakt mit anderen seine Befindlichkeiten zu zeigen, erhöht dagegen die Chancen, als Mensch gesehen zu werden. Verletzlichkeit zuzulassen, bedeutet Stärke und innere Reife. Wir haben lange gelernt, Emotionales unter Verschluss zu halten. Das ist, als ob Sie ständig einen luftgefüllten Ballon unter Wasser drücken wollen. Beschäftigen Sie sich jetzt mit diesen Emotionen, dann kommen Sie mit Ihren inneren Kräften in Kontakt. Sie brauchen keine Energie mehr dafür aufzuwenden, etwas Unangenehmes zu verdrängen. Erweitern Sie deshalb Ihr persönliches Gefühlsrepertoire, um sich authentisch zu zeigen.

Befinden und Gefühle, wenn sich Bedürfnisse erfüllen	Befinden und Gefühle, wenn sich Bedürfnisse nicht erfüllen
angeregt, begeistert, beruhigt	alarmiert, angespannt
erfreut, ermutigt, erleichtert	ärgerlich, besorgt
erwartungsvoll, froh	bestürzt, beunruhigt, eng
gelassen, gut gelaunt	entmutigt, erschöpft, erstaunt
hoffnungsvoll, inspiriert	ernüchtert, frustriert
neugierig, optimistisch	geladen, gestresst, irritiert,
schwungvoll, vergnügt	misstrauisch, müde, nervös
vertrauensvoll	perplex, ruhelos, überrascht
voller Tatendrang	unbehaglich, unter Druck
zufrieden, zuversichtlich	unzufrieden, verwundert

Erinnern Sie sich vielleicht an Situationen, in denen jemand Gefühle geäußert hat und Sie selbst daraus einen Angriff gehört haben? Das mag daran liegen, dass wir in unserem Sprachgebrauch Gefühlswörter verwenden, die gar keine Gefühle benennen, sondern Urteile darüber, was andere uns scheinbar angetan haben. Statt zu einem verbindenden Kontakt können diese Formulierungen in die Enge führen. Denn das Gegenüber sieht sich möglicherweise angegriffen und versucht, sich zu rechtfertigen oder zu kontern. In der GFK nennen wir diese Wortwahl Pseudo-Gefühle. Pseudo-Gefühle sind wertende Gedanken, die als Vorwurf, Schuldzuweisung usw. gehört werden können.

BEISPIEL

Pseudo-Gefühle: Ich fühle mich angegriffen, eingeengt, ignoriert, manipuliert ... Ich fühle mich nicht ernst genommen, nicht verstanden ... Ich fühle mich über den Tisch gezogen ...

Sich mit der eigenen Befindlichkeit als Mensch zu zeigen, macht Sie authentisch. Unter Authentizität verstehen wir dabei nicht, das Gegenüber mit Urteilen und Kritik zu überschütten, sondern offen mitzuteilen, wie es Ihnen geht und was Sie brauchen.

BEISPIEL

Welche Wirkung erleben Sie bei diesen unterschiedlichen Aussagen? »Bei der Entscheidung zur Standortveränderung fühle ich mich übergangen ...«, und stattdessen: »Zu hören, dass unser Betriebszentrum um 100 km verlagert werden soll, besorgt mich. Mir ist wichtig, einbezogen zu sein, bei Dingen, die meinen Bereich betreffen ...«.

Gefühle sind wichtige Informationen. Sie zeigen uns selbst, was wir brauchen. Sprechen wir sie offen aus, entstehen Nähe und Vertrauen. Das erhöht bei den Beteiligten in der Regel die intrinsische Motivation, also die Motivation, eine Aufgabe um ihrer selbst willen zu bewältigen. Herausfordernde Situationen können so besser verstanden und auch mitgetragen werden. Verwechseln wir stattdessen Gefühle mit wertenden Gedanken wie »Ich fühle mich ausgenutzt«, wirken diese auf andere nicht selten wie ein Keulenschlag. Wir machen den anderen damit zum Täter, denn wertende Gedanken verbergen eine Schuldzuweisung (»Du hast mich ausgenutzt«) und geben jemandem indirekt die Schuld für etwas, wofür wir vielleicht ungern selbst die Verantwortung übernehmen möchten. Auf diese Weise in die Opferrolle zu gehen, bedeutet auch ein Stück Selbstentwertung.

> Gefühle sind wichtige Informationen. Sie zeigen uns selbst, was wir brauchen. Sprechen Sie Gefühle offen aus, schafft das Nähe und Vertrauen. Sich damit als Mensch zu zeigen, erhöht die Bereitschaft zum Miteinander.

3. Bedürfnis

Bedürfnisse sind der Kern des Gesprächs. Damit bringen Sie Ihr Anliegen auf den Punkt. Bedürfnisse sind der Dreh- und Angelpunkt unseres Handelns. Werden sie gehört oder sogar erfüllt, dann trägt das zu unserem emotionalen und physischen Gleichgewicht bei. Alle Menschen teilen grundsätzlich die gleichen Bedürfnisse. Vielleicht nicht zur gleichen Zeit oder in derselben Situation, aber sie kennen die Bedürfnisse aus ihrem eigenen Leben und wissen, wie gut es tut, wenn diese erfüllt werden. Deshalb sind sie auch ein verbindendes Element in der Kommunikation. Bedürfnisse sind nicht an bestimmte Personen oder Objekte gebunden. Sie können auf unzählige Arten erfüllt werden.

Übersicht: Bedürfnisse

- Akzeptanz, Aufrichtigkeit, Austausch, Authentizität
- Balance von Spannung und Entspannung, Beitrag leisten
- Einbezogensein, Entwicklung, Empathie, Einfluss nehmen
- Feiern, Freiheit, Frieden, Gemeinschaft, Glaubwürdigkeit
- Gleichwertigkeit, Harmonie, Integrität, Inspiration
- Kooperation, Klarheit und Struktur, Kreativität, Offenheit
- Orientierung, Respekt, Ruhe, Regeneration, Rücksichtnahme
- Sicherheit der Existenz, Sinn, Selbstbestimmung, Selbsterhalt, Unterstützung
- Verbundenheit, Verlässlichkeit, Verstehen, Vertrauen
- Vorankommen, Wachstum, wahrgenommen werden, Wertschätzung,
- Zugehörigkeit, Ziele und Träume realisieren, Zuwendung

Oft werden die Strategien, wie wir Bedürfnisse erfüllen wollen, mit dem Bedürfnis selbst verwechselt. Das erkennen Sie daran, wenn Sie eine feste Vorstellung davon haben, wie etwas gemacht werden sollte. In der GFK wird der Begriff »Strategie« im Sinn von konkreten Handlungen verstanden. Diese fixen Erwartungen engen in Gesprächen ein und verleiten zum Kampf um Positionen.

BEISPIEL

Ina hat kürzlich bei Paul die ersehnte Teilzeitstelle in einer Praxis bekommen. Paul erhofft sich durch die Neueinstellung eine Arbeitszeitverkürzung, und sie haben vereinbart, dass sie sich den Praxisdienst pro Woche hälftig teilen. Als Ina eine wichtige Zusatzausbildung (Strategie) machen will, sieht Paul das nicht ein, weil das seine Freizeit (Strategie) betrifft. Um des lieben Friedens willen sieht Ina keine andere Möglichkeit, als auf die Ausbildung zu verzichten. Schließlich ist sie froh um die Stelle und möchte eine harmonische Arbeitsbeziehung. Doch sie merkt, dass der Preis dafür hoch ist und irgendetwas auf der Strecke bleibt, wenn sie ihre Belange zurückstellt. Deshalb fasst sie sich nochmals ein Herz. Im Gespräch stellt sich heraus, dass Paul sich in der Verhandlung so hart gezeigt hat, weil er befürchtet, wenn er einmal nachgibt, auch künftig Zugeständnisse machen zu müssen. Vertrauen und ernst genommen zu werden (Bedürfnisse), ist ihm also wichtig. Ina geht es darum, dass man darüber reden kann, wenn es einmal klemmt, also um Offenheit und Miteinander (Bedürfnisse). Als den beiden das klar wird, einigen sie sich darauf, dass Paul für Ina in einer fest vereinbarten Zeit Dienste übernimmt und Ina das anschließend zeitlich ausgleicht.

Die Kunst im Gespräch ist es, den Fokus von den Strategien auf die Bedürfnisse zu lenken. Damit tun sich neue Handlungsspielräume auf und die Wahrscheinlichkeit, dass Sie eine Win-win-Lösung finden, steigt.

4. Bitte

Mit den ersten drei Schritten schaffen Sie Klarheit, worum es Ihnen geht. Sind die Tatsachen von den Bewertungen getrennt, die Gefühle und Bedürfnisse auf den Punkt gebracht, dann haben Sie eine standfeste Grundlage, um für sich einzustehen. Dennoch passiert es oft, dass wir nicht bekommen, was wir gerne hätten. Denn wir sprechen dies meist nicht klar genug aus. Mit dem vierten Schritt der positiven Handlungssprache nutzen Sie die Gelegenheit, Ihr Gegenüber um das zu bitten, was Ihre Bedürfnisse erfüllen würde. Wir nennen diese Bitte auch Strategie, Handlungsschritt oder -vorschlag.

BEISPIEL

Unterscheiden Sie fromme Wünsche von realisierbaren Bitten. Die Ansage »Ich möchte, dass das künftig besser läuft«, lässt vieles offen. Wenn Sie sich so klar wie möglich äußern, dann steigen die Chancen, dass Sie bekommen, was Sie gerne hätten: »Haben Sie jetzt eine Idee, wie Fakten in der Auftragsklärung früher auf den Tisch kommen können?«. Ihr Gesprächspartner kann gleichzeitig einschätzen, inwieweit das Gewünschte für ihn machbar ist.

Mit dem konkreten Handlungsvorschlag schaffen Sie Orientierung. Ihr Gesprächspartner weiß klar und deutlich, was er tun kann, um zu Ihrem Wohlergehen beizutragen. Und dass dies auch alles ist, worum er gebeten wird. Mit einer klaren Bitte bewegen Sie andere zum Handeln.

Du-Empathie

Zurück zu dem Beispiel, in dem die Vorgesetzte mit ihrer Mitarbeiterin den Rückzug des Kunden bespricht: Die Fähigkeit, sich wohlwollend in die Lage des anderen zu versetzen und dies auszudrücken, nimmt von vornherein Spannung aus dem

Gespräch. Das liegt daran, dass wir Menschen in unseren guten Absichten gesehen und gehört werden wollen. Geschieht das, meldet unser Radar Sicherheit und der soziale Vagus geht wieder online. Nun schüttet unser Gehirn auch wieder Hormone wie z. B. Oxytocin und Dopamin aus, was sich entspannend auswirkt. Unser Überleben wird eben auch durch die Fähigkeit sichergestellt, fürsorgliche Beziehungen einzugehen. Damit werden gleichzeitig die Bedürfnisse nach Zugehörigkeit, Miteinander und Geborgenheit erfüllt. Kommen wir durch Empathie mit diesen Bedürfnissen in Kontakt, verspüren wir eine innere Kraft, die uns Mut und Energie gibt, den Alltag gut zu meistern.

> Die Gewaltfreie Kommunikation gibt nicht nur praktische Handlungsanleitung bei Meinungsverschiedenheiten und in Konflikten. Menschen lernen durch Empathie auch, wie sie in herausfordernden Situationen in sich selbst Potenziale finden, um neue konstruktive Wege zu gehen.

Aktiv Gespräche steuern mit Beziehungsbitten

Nicht immer ist die Zeit im Gespräch schon reif, um konkrete Handlungen vorzuschlagen. Wenn sich Missverständnisse angesammelt haben oder bereits ein Konflikt schwelt, möchten Menschen zuerst gehört und verstanden werden. Mit so genannten Beziehungsbitten können Sie aktiv Gespräche steuern und damit die Brücke bauen zwischen dem Ich und dem Du. Das Gespräch wird gelenkt und die Verbindung aufgebaut und gehalten. Erst wenn beide Seiten genügend gehört wurden, werden bei Bedarf Handlungsschritte entwickelt, mit denen alle zufrieden sind. Solche Beziehungs- oder Kontaktbitten sind: »Wie geht es Ihnen, wenn Sie das von mir hören?«, oder: »Mir ist wichtig, so verstanden zu werden, wie ich es meine. Können Sie mir sagen, was gerade bei Ihnen angekommen ist?«.

BEISPIEL

Barbara und Annett leiten gemeinsam ein Projekt. Wegen der Fülle der Aufgaben haben sie sich in den letzten Monaten kaum Zeit genommen, um Missverständnisse zu klären. Dabei gibt es schon länger Spannungen zwischen den beiden. Barbara spricht die Verstimmung an: »Wenn ich daran denke, dass ich den Eröffnungsvortrag zur Präsentation gehalten habe, für den ich mich einen halben Tag lang vorbereitet habe und ich seitdem keinen Kommentar dazu von dir gehört habe, bin ich unsicher. Mir liegt am Austausch miteinander. Wie geht es dir, wenn du das von mir hörst?«. Annett reagiert gereizt: »Du machst den tollen Job und wirfst mir vor, dass ich es nicht sehe«. Die Reaktion gibt Barbara Orientierung, dass etwas im Argen liegt. Sie ahnt auch, dass Annett noch etwas beschäftigt, das es ihr schwer macht zuzuhören, und fragt empathisch nach: »Kann es sein, dass du verstimmt bist und mit deinem Engagement gesehen werden willst?«. »Na klar, du hast dir die Rosinen rausgepickt. Wenn es um die Darstellung unserer Arbeit nach außen geht, bist du vornedran. Was ich mache, zählt nicht!«. Barbara ist froh, dass Licht ins Dunkel kommt. Das hilft ihr zu verstehen. Sie bleibt beharrlich in ihrer empathischen Präsenz: »Macht dich das traurig, und geht es dir dabei um Gleichwertigkeit?«. Annett nickt. »Ich wäre auch gern so wortgewandt wie du, aber ich brauche einfach länger, um die Dinge auf den Punkt zu bringen«. »Und dabei möchtest du auch gerne damit gesehen werden, wie viel du für unser Projekt getan hast, oder?«, antwortet Barbara. »Ja, ich habe mich richtig reingekniet.«

Nachdem Annetts Anliegen auf dem Tisch sind, geht Barbara zu ihrer eigenen Seite zurück. »Ich bin froh zu hören, was dich umtreibt, denn das bedeutet mir Offenheit und Vertrauen. Danke. Bei mir ist es so, dass mir in der Menge der Aufgaben unsere Arbeitsaufteilung geholfen hat, den Überblick zu behalten. Das gibt mir Klarheit und Orientierung. Wie geht es dir, wenn du das jetzt von mir hörst?«. »Ich weiß schon, dass wir eine Regelung haben, doch jetzt merke ich, dass es für mich nicht mehr passt, weil ich auch einmal an der Front sein möchte. Können wir uns bei den nächsten Präsentationen abwechseln?« Da nun beide Seiten gehört wurden, finden die beiden einen neuen Modus, wie sie in der Außendarstellung gleichermaßen sichtbar werden.

Hier wird deutlich, wie ein verfrühter Handlungsvorschlag (z. B. »Bitte sag mir, wie dir mein Vortrag gefallen hat.«) verhindert hätte, dass die tiefer liegenden Anliegen zur Sprache kommen. Mehrere Empathie-Versuche nehmen die emotionale Ladung aus dem Gespräch und schaffen eine wertschätzende Verbindung. Danach kann auf dem Boden der Tatsachen konstruktiv weiter verhandelt werden.

Sie entscheiden, was Sie hören

Stellen Sie sich vor, Sie hören eine Botschaft, die für Sie unangenehm ist, weil Sie diese als Angriff, Kritik, Vorwurf oder Ähnliches verstehen. Verharren wir in unbewussten Denkmustern wie richtig/falsch, gut/böse, schuldig/unschuldig, dann geben wir anderen die Macht darüber, wie wir uns fühlen. Die GFK zeigt uns wieder unseren eigenen Einflussbereich. So können wir stets neu wählen, ob wir Opfer oder Akteurin des eigenen Lebens sein wollen. Wir können bewusst handeln und offen bleiben. Damit steigen die Aussichten, dass die Bedürfnisse auf beiden Seiten wahrgenommen werden und das Miteinander konstruktiv wird. Sie wählen selbst, ob Sie die Aussage anderer als Angriff interpretieren oder als Ausdruck von Bedürfnissen, der manchmal misslingt.

> In der Haltung der GFK lenken Sie Ihren Blick auf Ihre Verantwortungs- und Handlungsräume, anstatt sich selbst oder anderen die Schuld zu geben. Das aktiviert Ihre Selbstkompetenzen. Sie können dadurch bei Herausforderungen bewusster konstruktive Handlungsschritte gehen und werden Akteur Ihres Lebens.

Analog zum Beispiel oben könnten Sie innerlich oder äußerlich in den in der folgenden Grafik dargestellten Varianten reagieren.

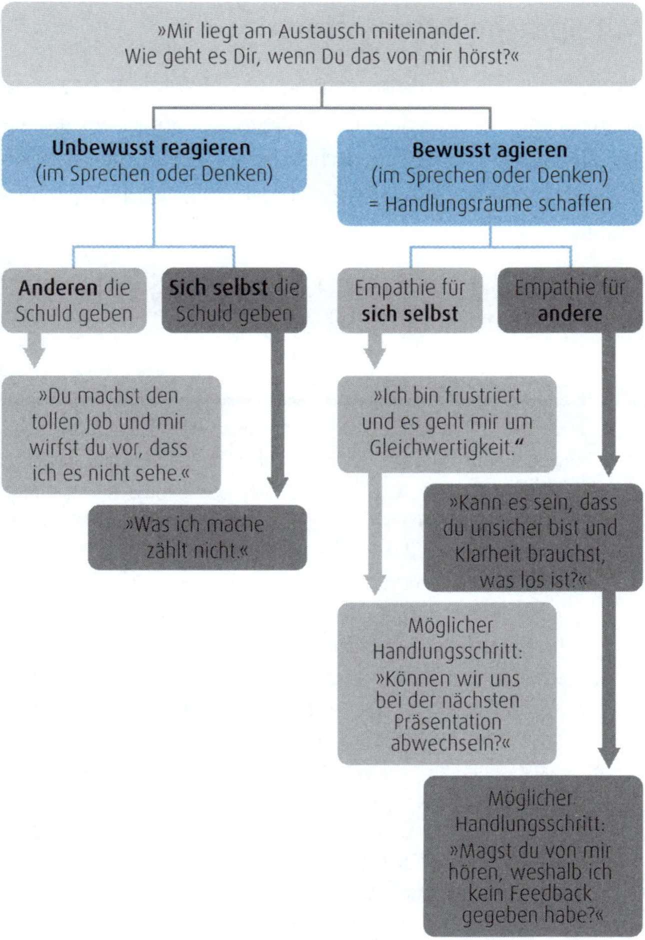

Varianten der Reaktion auf eine Aussage

Mit Sprache Türen öffnen

Wir können die Sprache nutzen, um uns einfühlsam zu zeigen und den Kontakt zu anderen zu festigen. Die Sprachmuster, die wir jedoch gelernt haben, machen es oft schwer, sich wirklich als Mensch zu begegnen. Sie trennen eher, als dass sie verbinden.

Brücken statt Mauern bauen

BEISPIEL

Die 14-jährige Tochter von Herrn Kunze wurde vor zehn Tagen wegen Essstörungen in eine Klinik eingeliefert. Er besucht sie täglich und kann keine Verbesserung ihrer Verfassung erkennen. Mit der Stationsleitung gab es schon einige lautstarke Diskussionen. In seiner Not wendet er sich jetzt an die Oberärztin: »Warum darf meine Tochter nicht nach Hause? Es geht ihr von Tag zu Tag schlechter, obwohl sie hier in Behandlung ist«. Die Oberärztin bezieht sich auf vergangene Gespräche: »Wir haben ihnen doch schon so oft gesagt, warum wir das machen. Sie müssen Geduld haben. Ihre Tochter braucht jetzt vor allem Ruhe«. Herr Kunze ist fassungslos: »Ruhe?!! Von Ruhe kann hier keine Rede sein. Sie wird sogar bedrängt, Medikamente zu nehmen!«. Die Oberärztin versucht zu beruhigen: »Ich kann Ihnen sagen: Das ist jetzt das Beste für Ihre Tochter. Wir müssen einfach warten, bis die Medikamente wirken«. »Ich kenne meine Tochter besser! Sie können doch nicht einfach gegen ihren Willen entscheiden!« Sie beschwichtigt und ermahnt: »Glauben Sie uns, wir haben viel Erfahrung in unserer Klinik. Ihre Tochter ist bei uns bestens betreut, doch Sie müssen auch kooperieren!«. Herrn Kunze platzt der Kragen: »Ich werde mich bei der höchsten Instanz beschweren!«.

In Sekundenschnelle können wir durch Worte Mauern bauen, ohne uns dessen bewusst zu sein. Gespräche geraten dann in ein Machtgefälle oder in den Schlagabtausch. Sie nehmen dadurch eine Dynamik an, aus der wir nur schwer wieder herauskommen.

Kommunikationssperren

Der Psychologe Thomas Gordon nannte Aussagen, die den Kontakt erschweren, Kommunikationssperren.

Übersicht: Kommunikationssperren

Art der Sperre	Beispiele
Belehren	Sie wissen doch, dass so eine Behandlung Zeit braucht.
Vergangenes vorhalten	Wir haben Ihnen letzte Woche schon gesagt, dass das nicht so schnell geht.
Trösten, beschwichtigen, ablenken	In zwei Wochen werden Sie anders darüber denken.
Ungefragt Ratschläge geben	Sie müssen jetzt etwas Geduld haben. Am besten lenken Sie sich ab.
Vergleichen	Ich weiß, dass ist nicht so einfach für Sie, aber wir haben noch viel tragischere Fälle.
Verantwortung leugnen, keine Wahl	Wir haben klare Vorgehensweisen in solchen Fällen. Das können wir nicht einfach ändern.
Etikettieren	Ihre Tochter ist eine uneinsichtige Patientin.
Entschuldigen, Fehler suchen, Schuldzuweisung	Wir können nichts dafür, das hat die Pflege falsch gemacht. Dafür muss jetzt die Stationsleitung geradestehen.

Übersicht: Kommunikationssperren	
Art der Sperre	**Beispiele**
Sich nur an Regeln orientieren	Das entspricht nicht unseren Richtlinien.
Drohen	Wenn Sie nicht kooperieren, dann müssen wir etwas nachhelfen.

Die unangenehmen Folgen dieser Formulierungen liegen auf der Hand: Die Gesprächspartner neigen zu Rechtfertigung, Widerstand, Gegenangriff oder Rückzug. Im Gefälle der Hierarchie wird dann Schweigen fälschlicherweise als Einverständnis interpretiert. Die negativen Auswirkungen auf die Beziehung werden spätestens dann erkennbar, wenn die Kooperation innerlich verweigert wird, die Arbeitsleistung nachlässt oder der Kontakt abbricht. Machen Sie sich bewusst: Welche der genannten Formulierungen kennen Sie aus Ihrem Alltag? Wenn Sie vertraute Sprachmuster erkennen und bereit sind, sie zu verändern, gehen Sie einen ersten Schritt auf die Brücke zum Gegenüber. In der Haltung der Empathie könnte das Gespräch in der Klinik folgende Wendung nehmen.

BEISPIEL

Herr Kunze: »Warum darf meine Tochter nicht nach Hause? Es geht ihr von Tag zu Tag schlechter, obwohl sie hier in Behandlung ist«. Die Oberärztin fragt empathisch nach: »Sind Sie beunruhigt und brauchen Vertrauen, dass alles für die Gesundheit Ihrer Tochter getan wird?«. »Natürlich! Ich habe sogar gehört, dass sie gegen ihren Willen Medikamente nehmen soll.« »Das hört sich an, als ob Sie ziemlich alarmiert sind. Geht es Ihnen darum, dass der eigene Wille respektiert wird, soweit das möglich ist?« Herr Kunze kann etwas aufatmen. »Ja. Ich will einfach, dass meine Tochter menschenwürdig behandelt wird. Und dass es ihr bald wieder gut geht.« Die Ärztin bringt ihre eigenen Anliegen ins Spiel: »Mir liegt auch am Herzen, dass respektvoll miteinander umgegangen wird. Und dass alles getan wird, was der Gesundheit dient. Wie geht es Ihnen, Herr Kunze, wenn Sie das von mir hören?«. Der Vater scheint noch skeptisch: »Ich weiß nicht so recht. Ich frage mich wirklich, was hier hinter verschlossenen Türen passiert«. Die Ärztin: »Sind Sie unruhig und brauchen Orientierung?« »Ja, das wäre schon gut«, beruhigt sich der Vater. Nachdem die Brücke gebaut ist, schlägt sie eine Handlung vor: »Möchten Sie jetzt von mir nochmals den vorgesehenen Behandlungsablauf hören und erfahren, welche Veränderungen wir bisher beobachtet haben?«. Herr Kunze: »Ja, sehr gerne«.

Menschen sind bereit zu verhandeln, wenn sie vertrauen können, mit ihren Anliegen respektiert zu werden.

> Ist der Kontakt hergestellt, findet uns die Lösung.
> (Marshall Rosenberg)

Empathisches Nachfragen

Wiederholte, stark emotionale Botschaften sind ein Zeichen dafür, dass Menschen noch nicht genügend wahrgenommen wurden. Und in der Regel haben sie nicht gelernt, ihre Bedürfnisse zu erkennen, geschweige denn, sich dafür einzusetzen. Stattdessen bestehen sie dann auf vertrauten Lösungsstrategien, die ihre wirklichen Anliegen dahinter oftmals außer Acht lassen. Empathisches Nachfragen ist Balsam für die Seele. Selbst wenn eine angebotene Formulierung nicht vollständig zutrifft, unterstützt sie den Sprecher dabei, sich selbst auf die Fährte zu kommen. Manchmal hilft es allein, die Worte des anderen in eigenen Worten wiederzugeben – und dies aus einer Haltung heraus, die echtes Interesse am Gegenüber signalisiert. Sind Menschen offensichtlich sehr verärgert, genügt es häufig, sich in der Empathie allein auf die Bedürfnisse des Gesprächspartners zu fokussieren.

BEISPIEL

Aussage: »Sie haben keine Ahnung davon!« → Empathisches Nachfragen: »Möchten Sie, dass ankommt, was das für Sie bedeutet?«

»Ich lasse mich nicht einfach so abfertigen!« → »Möchten Sie vertrauen, in Ihrer Situation ernst genommen zu werden?«

»Das wird nie klappen.« → »Liegt Ihnen daran, dass das auch funktioniert?«

»Das geht mich nichts an, ist nicht meine Aufgabe.« → »Geht es Ihnen um Klarheit in den Vereinbarungen?«

»Dann klären wir das halt über den Chef.« → »Brennt es Ihnen auf den Nägeln, in der Sache weiterzukommen?«

»Das ist zu teuer, das können wir uns nicht leisten.« → »Möchten Sie, dass Ressourcen sinnvoll eingesetzt werden?«

»Warum können wir keine Termine halten?« → »Ist Ihnen Verlässlichkeit wichtig?«

»Das haben wir schon immer so gemacht.« → »Möchten Sie auf Ihre Erfahrungen aufbauen können?«

»Wieso geht das nicht vorwärts? Ich werd noch verrückt hier.« → »Ist Ihnen wichtig, vorwärts zu kommen?«

Killerphrasen übersetzen

Wenn eine Aussage als Vorwurf oder Kritik daherkommt, sprechen wir gerne von Killerphrasen. Sie fordern uns im Gespräch heraus, nicht auf den gleichen Zug aufzuspringen, sich im Schuld-Denken zu verheddern oder den Rückzug anzutreten. Wenn das Ohr noch nicht so gut geschult ist, hinter verbalen Attacken Bedürfnisse zu hören, kann es anfangs schwerfallen, Killerphrasen zu übersetzen. Die Du-Empathie mit der neugierigen Haltung von: »Ich möchte wirklich verstehen, wie es dir geht und um welches Bedürfnis es dir geht«, und auch die »Wunschfrage« können Sie dabei unterstützen, Killerphrasen zu übersetzen.

BEISPIEL

Urteil/Kritik: »Du bist ein Egoist und denkst immer nur an dich!« Du-Empathie mit Wunschfrage (innerlich): Was hätte die Person wohl gerne stattdessen? → Er hätte vielleicht gerne, dass jemand auch an ihn denkt! Welches Bedürfnis würde sich erfüllen, wenn das geschehen würde? → Rücksichtnahme, Unterstützung, Miteinander. Empathische Reaktion (verbal): »Geht es dir um Rücksichtnahme?«, oder umgangssprachlich: »Ist es dir wichtig, dass an jeden gedacht wird?«

Urteil/Kritik: »Ich fühle mich übergangen!« Du-Empathie mit Wunschfrage (innerlich): Was hätte die Person wohl gerne stattdessen? → Sie hätte gerne, dass man sie einbezieht! Welches Bedürfnis würde sich erfüllen, wenn das geschehen würde? → Mitbestimmung, Miteinander. Empathische Reaktion (verbal): »Geht es dir um Mitbestimmung?«, oder umgangssprachlich: »Liegt dir daran, einbezogen zu werden?«

Eigenverantwortung und Initiative fördern

Wenn wir in unseren Ausbildungen Empathie trainieren, wird es am häufigsten als Herausforderung erlebt, keine Lösungsvorschläge zu machen. Menschen sind gewohnt, in Lösungen zu denken. Das führt zwar häufig dazu, dass die Arbeit flüssig vorangeht, doch wenn es in der Beziehung knirscht, sind voreilige Lösungen Barrieren im Kontakt. Häufig übernehmen wir mit Lösungsvorschlägen auch zu früh Verantwortung für etwas, was wir nicht dauerhaft zu leisten bereit sind. Wir machen uns dann sozusagen als Retter verfügbar, damit es allen gut geht und die Arbeit weitergeht. Der Preis dafür ist hoch: Besonders Führungskräfte brauchen einen freien Rücken und die Mitarbeit aller Beteiligten, um nachhaltig miteinander voranzukommen.

BEISPIEL

Im Team ist dicke Luft. Jörn beobachtet schon seit Tagen Tuscheleien auf seiner Station. Dass Pflegerin Petra auf ihn zukommt, überrascht ihn kaum: »Jetzt wird es mir langsam zu bunt, Jörn. Du musst dich darum kümmern. Andrea hat in diesem Quartal schon zum dritten Mal ihren Dienstplan geändert. Immer müssen wir ihren Wochenenddienst schieben. Und dann kommen die anderen auch noch zu mir. Als ob ich etwas daran ändern könnte«. Jörn ist in der Enge. Personell klemmt es an allen Ecken, so dass er selbst schon häufig für eine ausgefallene Besetzung eingesprungen ist. Andererseits kann er sich gerade jetzt keine Zeit für Diskussionen leisten und macht sich deshalb für eine schnelle Lösung verfügbar, um den Frieden wiederherzustellen. Schließlich liegt ihm daran, dass der Teamgeist gewahrt wird: »Ich merke schon, dass ihr überlastet seid. Wenn es nur um das kommende Wochenende geht, dann übernehme ich das dieses Mal«.

Wenn Jörn hingegen an die Lösungskompetenz seiner Gesprächspartnerin glaubt, sieht eine solche Unterhaltung anders aus. Empathie unterstützt Initiative und eigenverantwortliches Handeln. Menschen kommen dadurch mit erstaunlichen Ressourcen in Kontakt.

BEISPIEL

Jörn merkt schnell, dass die Übernahme von Aufgaben seinen eigenen Druck nur vergrößert. Auch an eine nachhaltige Klärung des Problems ist nicht zu denken. Er bereitet sich innerlich auf die nächste Situation vor, die prompt in der kommenden Woche ansteht. Petra klagt erneut: »Jetzt habe ich wirklich genug zu tun und die anderen jammern bei mir über Andreas Extrawünsche. Kannst du nicht mal ein Machtwort sprechen?«. Jörn klärt erst einmal die Situation. »Denkst du dabei noch an Andreas Wochenenddienste vom letzten Quartal?« »Ja, irgendwie hängt das noch nach, dass sie sich andere Rechte rausnimmt als die anderen.« Jörn reagiert empathisch: »Wenn die anderen dann dich ansprechen statt Andrea, bist du frustriert und geht es dir um Offenheit im Team?«. »Daran habe ich noch gar nicht gedacht, ja. Es wäre schön, wenn hier jeder direkt mit den Kollegen spricht, die es betrifft, statt übereinander zu reden. Das bringt doch nur Unfrieden«. »Dir liegt also daran, Frieden im Team zu haben und vielleicht auch einen respektvollen Umgang?« »Das trifft es ziemlich gut.« »Und was willst du jetzt tun, damit es künftig friedlich zugeht?« »Ich könnte den anderen sagen, dass sie sich direkt an Andrea wenden, damit sie auch mitbekommt, was das für jeden hier bedeutet.« »Es freut mich, dass du das so angehst, denn mir liegt daran, dass jeder ein Stück Verantwortung übernimmt, damit die Verständigung im Team klappt, danke.«

Auf einen Blick: Wie wir Brücken bauen

- Die fünf Schlüsselfaktoren der Empathie sind: Neugierde, absichtslose Präsenz, das Trennen von Ich und Du, Offenheit gegenüber Emotionen und das Hören von Bedürfnissen hinter dem Gesagten.
- Empathie findet größtenteils nonverbal statt. Sie ist von der Grundhaltung bestimmt, anderen die volle Aufmerksamkeit zu schenken.
- Das Modell der Gewaltfreien Kommunikation nach Marshall B. Rosenberg hilft, mit sich und anderen in Kontakt zu kommen.
- Mit Beziehungsbitten können Sie für Ausgewogenheit im Austausch sorgen.
- Mit dem Wechsel von Aufrichtigkeit und Empathie fördern Sie nachhaltig Klarheit und Kontakt im Gespräch.
- Vertrauen Sie auf die Eigenverantwortung und Lösungskompetenz des Gegenübers, um sich selbst zu entlasten. Menschen finden oft zielgerichtete Handlungsschritte, wenn sie durch Empathie mit ihren Bedürfnissen in Kontakt kommen.
- Jemanden zu verstehen, heißt nicht, mit dessen Handlung einverstanden zu sein. Empathie bedeutet, Bedürfnisse anzuerkennen, ohne zwingend die Taten zu akzeptieren.

Brücken bauen in herausfordernden Situationen

So natürlich der Prozess der Empathie auch ist, so anspruchsvoll ist er im Alltag. Praktische Tools unterstützen Sie dabei, in herausfordernden Situationen Ihre Brücke zum anderen zu bauen.

In diesem Kapitel erfahren Sie, wie Sie

- eigene Antipathien sowie Bewertungen und Urteile anderer überwinden und mit dem Empathie-Scan hinter die Fassade schauen,
- Veränderungsprozesse anregen,
- strapazierte Beziehungen wieder ins Lot bringen,
- mit einem Nein konstruktiv umgehen und
- die Stimme hinter dem Schweigen eines Gesprächspartners hören.

Das Fundament: Wohlwollen

Im Training werden wir oft gefragt: »Wie gelingt es mir, im Stress bei mir zu bleiben?«, oder: »Wie ist es möglich, unter Druck jemandem zuzuhören?«. Hier hilft das Verständnis, wie unser Gehirn und unser Nervensystem funktionieren. Stress wird oft als Gefahr wahrgenommen – verbunden mit der Angst, dass wir nicht bekommen, was wir gerne hätten oder dass wir nicht umfassend verstanden werden. Wenn das Sprach- und Empathievermögen des präfrontalen Kortex aussetzt und unser Autonomes Nervensystem das Gaspedal drückt, gibt es nur eines: entschleunigen. Jeglicher Versuch, in diesem Zustand ein konstruktives Gespräch zu führen, ist zum Scheitern verurteilt. Zuerst muss der soziale Vagus wieder aktiviert werden.

Einen Punkt möchten wir speziell hervorheben. Was Empathie im Alltag oft unmöglich macht, sind innere Feindbilder. Sie erkennen diese im täglichen Sprachgebrauch an wertenden Kommentaren oder Bezeichnungen wie Überflieger, Bedenkenträger, Low Performer, Weichei, Hard-Liner oder Drückeberger. Während sich Antipathie eher gegen eine einzelne Person richtet, werden bei Vorurteilen Gruppen kategorisiert, z.B. die da oben, die Gewerkschaftler, die Beamten, die Karrieresüchtigen, die vom FC Bayern. Zugrunde liegt die Frage: Ist jemand »einer von uns« oder einer von »den anderen«? Man spricht hier auch von Ingroup und Outgroup. Im ersten Fall teilt man Sympathien und Werte, wie z.B. mit Fußballclubs bis hin zu Städten, Regionen und Nationen. Wenn Menschen in unserem Denkmuster nicht dazugehören, liegt eine Tendenz zu Ausschluss und Gewalt nahe. In einer globalisierten Welt spielt uns unser Gehirn einen Streich. Alles was anders ist, wird unbewusst nach möglichen Gefahren gescannt. So werden andere Menschengruppen ganz leicht zu Ungetümen. In der Haltung der GFK können wir mit der Brille des Wohlwollens auf die Welt schauen. In unseren Seminaren betonen wir augenzwinkernd: »Unterstellen Sie der anderen Person gnadenlos, dass sie Mensch ist und kein Monster«.

> Suchen Sie im Gespräch nach Gemeinsamkeiten. Was verbindet Sie, auch mit einem Fremden? Haben Sie beide Kinder, ein ähnliches Hobby oder eine gemeinsame Vorliebe für ein Reiseziel? Was Menschen verbindet, sind auch Bedürfnisse. Sie fördern ein Miteinander auf der Ebene des Mensch-Seins. Das ist auch ein Grund, weshalb die GFK selbst in internationalen Konflikten erfolgreich ist.

Selbsteinfühlung bei Antipathien

Manchmal legt sich Antipathie, verbunden mit negativen Wertungen, wie ein Nebeltuch der Abneigung über uns. Es verdeckt die Sicht auf das Mensch-Sein des Gegenübers und manifestiert das Feindbild, das uns davon abhält, in einen wertschätzenden Kontakt zu treten. Die Art und Weise, wie wir den Kontrahenten wahrnehmen, verzerrt sich, Feindbilder werden größer und mächtiger. Die damit verbundenen Gefühle wie Angst oder Ärger spitzen die Lage noch zu: eine ungünstige Ausgangslage für ein verbindendes Gespräch.

BEISPIEL

Kai arbeitet im Support-Team für eine neue Software und hat seine neue Chefin schon länger auf dem Kieker. Seit sie das Team übernommen hat, zeigt sie wenig Interesse an dem, was er und seine Kolleginnen tun. Statt sich mit der neuen Software auseinanderzusetzen, surft sie immer noch mit der alten Software, die in der nächsten Zeit eh abgestellt wird. Innerlich drehen sich Kais Gedanken: »Die interessiert sich überhaupt nicht für das, was wir hier tun, und hat keine Ahnung vom Business. Einzig die Chefin raushängen lassen, das kann sie!«. Mit Schrecken merkt er, wie er ihr gegenüber ein Verhalten an den Tag legt, das er sonst nicht von sich kennt. Er vermeidet den Blickkontakt und unterbricht seine Gespräche mit den Kolleginnen, wenn sie ins Büro kommt. Abends zu Hause, nörgelt er über seine Chefin. Er merkt, dass diese mehr Platz in seinem Leben einnimmt, als er sich wünscht.

▼ Innere Urteile sind wie Ausrufezeichen (umgedrehtes Dreieck). Sie möchten uns darauf hinweisen, dass Bedürfnisse nicht erfüllt sind. Wir nennen das auch Kopfkino. Je besser Sie Ihre Urteile und kritisierenden Gedanken von Fakten unterscheiden können, desto einfacher können Sie Ihre Bedürfnisse erkennen. Mit den folgenden Fragen können Sie solche Antipathien erfolgreich transformieren.

Checkliste: Selbsteinfühlung bei Antipathien

Schauen Sie sich vor Ihrem inneren Auge Ihren »Widersacher« an. Wie viel Raum nimmt er in Ihrer Vorstellung ein? Steht er direkt vor Ihnen oder ist er weit weg? Ist er groß oder klein? Hell oder dunkel? Bunt oder schwarz-weiß?

Checkliste: Selbsteinfühlung bei Antipathien

Lassen Sie Ihrer Antipathie freien Lauf. Schreiben Sie ungefiltert auf, was Sie über die Person gerade denken (Bewertungen, Interpretationen, Erwartungen). Schreiben Sie alles auf, bis sich die Sätze zu wiederholen beginnen.	
Nehmen Sie drei tiefe Atemzüge und richten Sie Ihre Aufmerksamkeit auf das Hier und Jetzt.	
Konzentrieren Sie sich nun auf Fakten. Was genau ist geschehen? Welches konkrete Verhalten stört sie? Was sind die Zahlen, Daten, Fakten?	
Wie zeigt sich Ihre Antipathie in Ihrem Körper, wenn Sie die Fakten vor sich sehen (z. B. Kloß im Bauch, Druck im Nacken)? Angenommen, diese Körperempfindung würde für ein Gefühl stehen, welches Wort würde passen? Frust, Hilflosigkeit, Einsamkeit oder etwas ganz anderes? Geben Sie dem, was Sie fühlen, Raum. Bleiben Sie mit Ihrer Achtsamkeit dort, ohne etwas verändern zu wollen.	
Wonach sehnen Sie sich jetzt? Was ist Ihnen wirklich wichtig? Um welche Bedürfnisse geht es Ihnen? Geben Sie dem Bedürfnis Raum: Wie reagiert Ihr Nervensystem, wenn Sie das passende Wort gefunden haben? Vielleicht mit einer tiefen Bauchatmung? Bleiben Sie einen Moment bei diesem Bedürfnis. Dass Sie es in sich tragen, ist ein Teil dessen, was Sie als Menschen ausmacht. Genießen Sie das.	
Hören Sie in sich hinein: Was möchten Sie konkret tun, um diesem Bedürfnis Rechnung zu tragen? Worum möchten Sie Ihr Gegenüber jetzt bitten?	
Zum Schluss holen Sie sich wieder den Menschen vor Ihr inneres Auge, der Auslöser für Ihre Antipathie war. Wie nehmen Sie ihn jetzt wahr? Was hat sich verändert?	

In vielen Fällen hilft diese Selbstempathie-Übung, wieder zurück in die eigene Handlungsfähigkeit zu kommen. Sind Konflikte jedoch schon weit fortgeschritten, kann es sein, dass Sie als Unterstützung erst einmal Empathie von einem anderen Menschen brauchen, um innere Klarheit zu bekommen. Sind die Fronten sogar verhärtet, gestehen Sie sich zu, dass Konflikte nicht immer alleine gelöst werden können. Die Unterstützung einer Mediatorin oder eines Mediators kann helfen, Mauern abzubauen und eine Brücke zu schlagen.

Mit dem Empathie-Scan hinter die Fassade schauen

Sind Menschen von starken Emotionen betroffen, geht leicht die geistige Flexibilität verloren und konstruktives, zielgerichtetes Handeln wird schwer. Der präfrontale Kortex hat sich aus der Verbindung mit dem limbischen System ausgeklinkt und der Autopilot übernimmt das Steuer. Haben Sie das Glück, in einer ansatzweise empathischen Unternehmenskultur zu arbeiten? Dann wissen Sie wahrscheinlich aus eigener Erfahrung, wie gut es tut, Menschen um sich zu haben, die statt ungefragter Ratschläge ein offenes Ohr für Ihre Nöte haben. Das wirkt manchmal Wunder.

Viele Menschen empfinden großen emotionalen Stress, wenn sie Urteile und Verallgemeinerungen hören. Leicht nimmt man dann eine Kritik persönlich und geht darauf ein. Lenken Sie stattdessen Ihre Aufmerksamkeit auf die zugrundeliegende Beobachtung. Auf der Ebene der Fakten ist es leichter, den Kern des Anliegens zu erfassen.

Um dem Pfad durch den Dschungel der Bewertungen und Gefühle hin zur Handlungskraft der Bedürfnisse besser folgen zu können, haben wir den Empathie-Scan entwickelt. Die folgende Grafik demonstriert, wie Sie empathisch hinter die Fassade schauen können. Dabei gibt Ihnen der Empathie-Scan in fünf Schritten Orientierung. Denn sind Menschen aufgebracht, können sie manchmal kaum unterscheiden, was tatsächlich passiert ist und welche Bedeutung sie der Situation geben. Scannen Sie vollständig jeden einzelnen Schritt ab. Seien Sie sich dabei bewusst, wo Sie im Gespräch gerade mit dem Scanner stehen. Das hilft Ihnen, den Überblick zu behalten. Wir verwenden diesen Ansatz in ähnlicher Form im empathischen Coaching. Doch auch in Alltagsgesprächen können Sie konzentriert empathisch zuhören, indem Sie alle Äußerungen samt der Körpersprache durch den Empathie-Scan empfangen. Bleiben Sie dabei auf Augenhöhe mit dem anderen, indem Sie sich an eine forschende Haltung der Neugier und Offenheit erinnern. Die unten vorgeschlagenen Fragen unterstützen das Gegenüber, wieder auf die Ebene der Fakten zu kommen. Im Kontakt mit den eigenen Befindlichkeiten und Bedürfnissen sind dann zielgerichtete Handlungsschritte möglich.

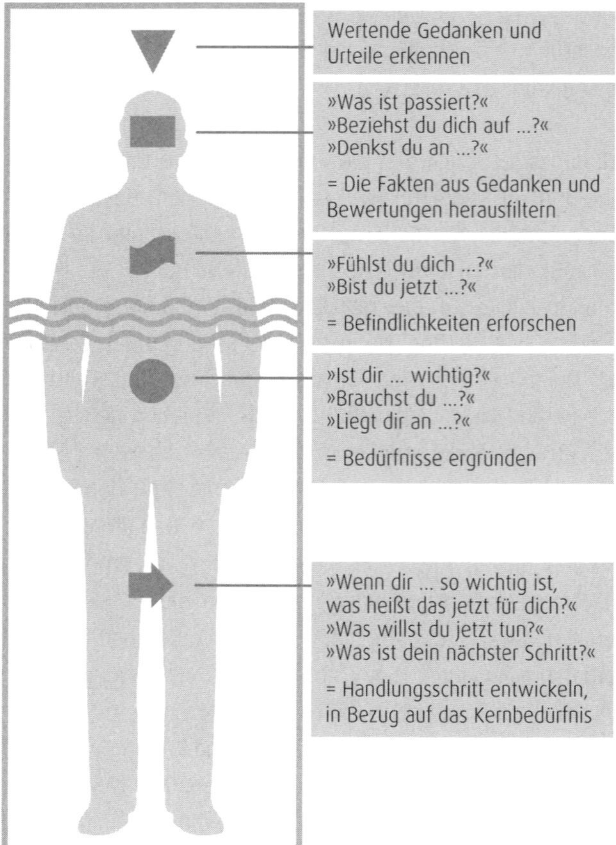

Der Empathie-Scan in fünf Schritten

BEISPIEL

Eric stellt sein komplexes Projekt zum dritten Mal im Management-Team vor. Die Ansprüche dort sind hoch und es fiel ihm nicht leicht, die herbe Kritik aus den zwei ersten Anläufen zu verdauen. Doch dieses Mal hat er das gesamte Feedback der Führungsriege eingearbeitet und ist zuversichtlich, mit seinen ausgefeilten Ideen zu landen. In der Woche vor dem geplanten Meeting bekommt er von seinem Vorgesetzten zu hören, dass das, was er zu zeigen hat, noch zu wenig ist. Am Tag vor der Veranstaltung ist seine Motivation im Keller: »Ich präsentiere nicht«. Seine Kollegin Kira, deren Projekt von seiner Arbeit abhängt, ist entsetzt: »Das kannst du doch nicht machen, Eric! Wie stehe ich jetzt da? Du kannst mich doch nicht einfach so hängen lassen!«.

Kira merkt schnell, dass ihre impulsive Reaktion nicht gerade zum Vorwärtskommen beiträgt. Sie atmet ein paar Mal tief durch und fragt Eric, was los ist. »Jetzt haben die da oben schon kein gutes Haar an meiner Präsentation gelassen. Doch dass mir jetzt mein eigener Chef in den Rücken fällt, das ist zu viel. Wofür mache ich mich hier eigentlich krumm?!«

Kira gibt ihr Bestes, empathisch zuzuhören. Zuerst filtert sie zwischen den Bewertungen die Fakten heraus: »Wenn du sagst, ›kein gutes Haar‹, beziehst du dich da auf die Rückmeldungen bei deinen zwei Präsentationen?«. »Ja. Der Verkaufschef sagte, dass wir das Produkt so niemals verkaufen könnten, und unser CTO meinte, dass die Technologie für unser Werk in China zu viel Betreuung braucht.« »Frustriert dich das und ist dir wichtig, dass deine Arbeit auch Sinn macht?«, fragt Kira. »Ja, das ist mir wichtig. Mein ganzes Know-how steckt darin, ich habe mir schließlich etwas dabei gedacht.« »Und dann liegt dir vermutlich auch daran, dass deine Erfahrung einbezogen wird?« »Einbeziehen wäre gut. Doch zumindest, dass mal jemand nachfragt, was ich mir dabei gedacht habe, anstatt es einfach abzuschmettern.« Eric atmet etwas auf.

Kira bleibt weiter am Ball und nimmt mit dem Empathie-Scan eine weitere Fährte auf: »Du hast auch gesagt, dass dir dein eigener Chef in den Rücken fällt. Woran denkst du dabei?«. »Dass er genau gesehen hat, wie ich an den letzten zwei Meetings zu schlucken hatte und dass ich seither weiter für das Projekt schufte. Und dann sagt er auch noch, dass es zu wenig ist, was ich zu zeigen habe.« »Verstehe ich das richtig, dass du dir da Unterstützung wünschst?« »Ich schaffe das schon allein, doch dass mich jemand runterzieht, das kann ich nicht gebrauchen.« »Geht es dir da um Miteinander?« »Er könnte schon hinter mir stehen und mir das auch zeigen. Und denen da oben könnte er mal zeigen, dass er mir vertraut.« »Vertrauen würde dir gut tun?« »Ja, darum geht es mir am meisten.« Eric entspannt sich zunehmend. Kira bringt den Empathie-Scan zum Abschluss: »Wenn dir Vertrauen in dieser Situation so wichtig ist, was wirst du jetzt tun?« Eric scheint wieder zuversichtlich. »Ich sage jetzt erst einmal meinem Chef, wie seine Bemerkung bei mir ankam, und frage ihn, was er tun will, um morgen im Meeting zu zeigen, dass er mir vertraut.«

Das Beispiel zeigt: Menschen möchten in erster Linie mit dem, was sie bedrückt, wahrgenommen werden. Es lohnt sich offensichtlich, sich Zeit füreinander zu nehmen und die Anliegen hinter den Positionen zu erforschen. Sind Menschen erst einmal mit der Kraft ihrer Bedürfnisse in Kontakt, kommen neue, kreative Schritte oft von selbst. Voraussetzung, um konzentriert zuhören zu können, ist ein Moment der Ruhe. Nach ein paar tiefen Atemzügen lässt sich besser einschätzen, ob man sozusagen innerlich »aufgeräumt« und wirklich offen ist, beim anderen präsent zu sein.

Überprüfen Sie besonders nach impulsiven Reaktionen, ob Ihr Autonomes Nervensystem ruhig genug ist, um anderen präsent zuzuhören. Nehmen Sie ein paar tiefe Atemzüge, um selbst zur Ruhe zu kommen. Hinterfragen Sie dann ehrlich Ihre innere Bereitschaft, bevor Sie Ihre Präsenz zum Gegenüber »umschalten«.

Mit Quick-Empathie Meetings verbessern

Nicht immer bietet der Alltag ideale Voraussetzungen für uneingeschränkte Präsenz in Gesprächen. Je mehr Sie jedoch mit der Haltung der Empathie vertraut sind, desto rascher wird Ihnen auch in hitzigen Situationen der Blick durch die Brille des Wohlwollens gelingen. Anstatt Fragen spontan auf der Sachebene zu beantworten, erinnern Sie sich daran, dass Menschen, die angespannt sind oder Kummer haben, weit weniger eine Lösung suchen, als dass sie verstanden werden möchten. Vermutlich können Sie sich an einige Meetings erinnern, während derer Sie sich gewünscht hätten, Ihre Arbeitszeit sinnvoller zu nutzen? Sind Menschen engagiert rund um ein gemeinsames Thema beschäftigt, kommt die Vielfalt der Individuen ans Tageslicht. Problematisch wird es, wenn sie um Positionen diskutieren, ohne konkrete Anliegen zu benennen oder Maßnahmen zu vereinbaren. Viele von uns haben nicht gelernt, sich ihrer Bedürfnisse klar zu werden und sie auszusprechen. Mit Quick-Empathie können Sie andere in solchen Situationen darin unterstützen, ihren Bedürfnissen auf die Spur zu kommen und daraus gezielte Handlungsschritte zu entwickeln.

BEISPIEL

Das dritte Meeting steht bevor, an dem über die neuen Kundenpräsentationen entschieden werden soll. Die ersten beiden Termine hatten nicht weitergeführt, weil sich zwei Abteilungen in ihren Argumentationen verhakt hatten. Im GFK-Training hat Anne kürzlich erprobt, wie man Redebeiträge konstruktiv abholt. Das will sie heute ausprobieren. Carla aus dem Marketing kontert wiederholt gegen Miriam aus der Schulungsabteilung: »Ihr müsst mit euren Schulungen flotter daherkommen. Erlebnistraining, das wollen die Leute heutzutage«. Anne setzt einen Versuchsballon ab: »Bist du unzufrieden und geht es dir darum, dass die Trainings effektiv sind?«. »Ja klar, wenn unsere Kundenzahlen sinken, dann sind wir alle davon betroffen. Wir müssen die Angebote attraktiv halten und mit der Zeit gehen.« Anne bleibt am Ball: »Machst du dir Sorgen um die Nachhaltigkeit und dass die Arbeit hier wirtschaftlich sinnvoll ist?«. »Natürlich, wir werden am Erfolg unserer Produkte gemessen.« »Was ist dann deine Idee, um die Trainings so zu gestalten, dass die Kunden begeistert sind?« »Wie wäre es denn, wenn ihr mit den Kunden ein Koch-Event in der Jazzkantine macht? Dann sind sie beschwingt und verankern ihre gute Laune mit unseren Produkten.« Miriam meldet sich zu Wort. »War überhaupt jemand von euch jemals bei unseren Schulungen dabei?« Anne versucht wieder zu übersetzen: »Geht es dir darum, dass gesehen wird, welche Ideen ihr schon umsetzt? Und möchtest du, dass Carla am nächsten Training teilnimmt und dazu ihr Feedback gibt?«. Miriam atmet auf. Anne freut sich, etwas bewirkt zu haben.

Übung

Hören Sie die Bedürfnisse hinter den folgenden scheinbar alltäglichen Aussagen?

1. Wo ist die Checkliste?
2. Kann das nicht jemand anders machen?
3. Leiht mir mal jemand sein Tablet?
4. Wer macht heute das Protokoll?
5. Wann bekommen wir endlich einen Kaffeeautomaten?
6. Hast du schon den Kunden angerufen?
7. Geht jemand mit zum Essen?

Lösungsvorschläge

1. Orientierung, Verlässlichkeit ...
2. Entlastung, Miteinander ...
3. Unterstützung, Vertrauen ...
4. Planbarkeit, Unterstützung, Klarheit ...
5. Zeit sinnvoll nutzen, Genuss, Leichtigkeit ...
6. Klarheit, Vorwärtskommen, Fortschritt ...
7. Gemeinschaft, Austausch, Regeneration ...

Veränderungsprozesse unterstützen

Wenn wir als Beraterinnen in Unternehmen arbeiten, begleiten wir Abteilungen und ihre Führungskräfte oft über mehrere Jahre – und häufig in unternehmerischen Veränderungsprozessen. Oftmals erleben wir in der Praxis, dass es Menschen nicht schnell genug gehen kann, konkrete Aktionen umzusetzen. Sie erhoffen sich dadurch klare Strukturen, so dass die Aufgaben wieder leichter von der Hand gehen. Doch neben sachlichen Maßnahmen wird häufig vergessen: Gerade funktionierende Beziehungen machen es aus, dass Veränderungen nachhaltig greifen können und tragfähig sind.

So sind z. B. Konflikte, Schweigen und das Reden über Abwesende ein Zeichen dafür, dass die Befürchtungen und Ängste der Beteiligten noch nicht genügend gehört und ernst genommen wurden. Oft werden kleine Bedenken dadurch im Laufe der Zeit zu unüberwindbaren Hindernissen. In unternehmerischen Veränderungsprozessen über einen längeren Zeitraum geht es jedoch darum, die systemischen Zusammenhänge unter die Lupe zu nehmen, also auch die Beziehungen aller am Prozess Beteiligten. Sehr oft erleben wir in unserer Arbeit, dass das empathische Zuhören bereits in kurzer Zeit einen großen Nutzen auf der Beziehungsebene bewirkt und damit die Veränderungsprozesse unterstützt.

BEISPIEL

Felix kam vor einem Jahr neu in die Firma und übernahm die Abteilung eines Kollegen, dem der Ruf vorauseilte, eine »autoritäre Handschrift« zu haben. Das gesamte Unternehmen hatte bereits vor mehreren Jahren einschneidende Veränderungen hinter sich gebracht. Damals wurden Unternehmensbereiche zusammengelegt mit der Folge, dass Mitarbeitende ohne Abstimmung anderen Abteilungen zugeordnet wurden. Felix möchte in seiner Abteilung einen wertschätzenden Führungsstil leben. Er wird aber den Eindruck nicht los, dass es Unausgesprochenes gibt, das das Team belastet. Ihm fällt auf, dass die Mitarbeitenden wenig Persönliches ansprechen, eher schweigen und öfter auch über Abwesende reden. In einem Gespräch im Coaching klärt er sein Befinden (Frustration) und seine Bedürfnisse (Vertrauen und seine Werte zu leben). Dann kann er einen Handlungsschritt formulieren: »Ich könnte einmal versuchen, ihnen zu sagen, wie frustriert ich selbst darüber bin, keine Antworten zu bekommen, und warum es mir so wichtig ist, alle einzubeziehen«.

Im nächsten Meeting schildert Felix den Mitarbeitern sein Befinden: »Ich möchte euch gerne sagen, wie es mir seit der Übernahme der Abteilung geht. Ich habe mich wirklich ins Zeug gelegt, euch bei Entscheidungen einzubeziehen, z. B. bei der neuen Raumaufteilung und der Organisation der Service-Hotline. Bisher habe ich keine Antworten bekommen. Jetzt bin ich ziemlich frustriert, weil mir wichtig ist, miteinander etwas zu bewegen. Wie geht es euch damit?«. Die Mitarbeiter machen erst einmal große Augen. Ein Mitarbeiter sagt dann: »Ich wäre nie auf die Idee gekommen, dass deine Versuche ernst gemeint sein könnten. Seit langem sind wir hier gewohnt, dass die Vorgesetzten die Richtung bestimmen, und wenn das kommentiert wurde, hat man sich nur selbst geschadet«. Felix ist betroffen, aber auch froh über diese Offenheit und er versucht, das Anliegen hinter der Äußerung des Mitarbeiters zu verstehen: »Geht es dir darum, dass deine Erfahrung wirklich zählt?«. »Ja, ich will sicher sein, dass es ernst gemeint ist.« »Und möchtest du auch vertrauen können, akzeptiert zu sein, wenn du eine andere Meinung hast?«, mutmaßt Felix weiter. »Schön wär's.« »Und es soll auch Sinn machen, was wir hier tun«, klinkt sich ein weiterer Mitarbeiter ein. Für Felix und das Team war dieses Meeting ein Wendepunkt. Aktuell arbeitet die Abteilung jetzt daran, Vereinbarungen zu treffen, was jeder braucht, um seine Meinung einzubringen.

Entscheidende Durchbrüche in Veränderungsprozessen können dann geschehen, wenn Menschen den Eindruck haben, dass sie gehört werden. Sind die Betroffenen jedoch noch mit dem Frust der Vergangenheit beschäftigt, dann braucht es Geduld. Das Vorleben der eigenen Integrität schafft auf Dauer einen Boden des Vertrauens. Das bedeutet auch, sich mit der eigenen Verletzlichkeit als Mensch zu zeigen.

Beziehungen ins Lot bringen

Ist es Ihnen auch schon einmal passiert, dass Sie etwas gesagt oder getan haben und es später bereut haben? Vielleicht haben Sie verletzende Worte gebraucht, jemanden hängen gelassen oder in Ihren Handlungen nicht berücksichtigt? Menschen sind nicht perfekt, und Fehltritte gehören zum Leben. Wie wir jedoch damit im Nachhinein umgehen, hat große Auswirkung darauf, wie sich Beziehungen gestalten. Wie die Bindungstheorie eindrücklich aufzeigt, trägt das »Reparieren« von Beziehungen maßgeblich dazu bei, dass Menschen sich sicher fühlen und Vertrauen auch dann wachsen kann, wenn mal etwas schiefläuft.

BEISPIEL

Julia hat ihrer Mitarbeiterin Sabrina versprochen, dass diese das nächste Schulungsprojekt alleine leiten darf. Sabrina freut sich sehr darauf. Endlich kann sie all das, was sie in den letzten zwei Jahren als Assistentin gelernt hat, unter Beweis stellen. Als sich jedoch herausstellt, dass das nächste Schulungsprojekt der Auftrag eines sehr wichtigen Kunden ist, entscheidet sich die Chefin dafür, die Leitung dem Kollegen Tim zu geben und Sabrina noch einmal die Assistenz machen zu lassen. Als Sabrina das hört, ist sie zuerst fassungslos und dann wird sie wütend: »Ich reiße mir hier seit zwei Jahren ein Bein aus, damit ich endlich die Schulungen alleine machen darf, und jetzt setzt du mir wieder Tim vor die Nase. Sag mir doch gleich, dass du nicht mit mir zufrieden bist!«. Julia hat ein schlechtes Gewissen und lässt sich dazu verführen, Ausreden zu suchen, was die Situation nur verschlimmert.

Wie leicht geraten wir bei Fehltritten in die Schuldfalle. Und weil in unseren Breitengraden immer noch das Denken vorherrscht, dass Menschen, die Fehler gemacht haben, bestraft werden müssen, reden wir uns um Kopf und Kragen. Viele von uns haben von klein auf gelernt, auf Fehltritte mit einer Entschuldigung zu reagieren. Dann sagen wir: »Du musst ent-schuldigen«, oder: »Ent-schuldigung« und signalisieren damit dem anderen, dass er uns die Schuld abnehmen bzw. vergeben muss. Was bedeutet das für die Person, die den Schaden erlitten hat? Kann sie überhaupt die Schuld abnehmen? Und was, wenn das »Entschuldigung« zur Floskel wird? Kommen dadurch die Dinge wieder ins Lot? Vielleicht haben Sie auch schon gehört, dass die dann Betroffenen sagen: »Du meinst das gar nicht so – ich will eine echte Entschuldigung!«. Was bedeutet eine echte Entschuldigung? In der GFK gehen wir davon aus, dass wir bei Fehltritten weder im Einklang mit unseren eigenen Bedürfnissen, noch mit denen des Gegenübers gehandelt haben. Dabei stellen wir uns nicht die Frage: »Was habe ich falsch gemacht?«, sondern: »Welche Bedürfnisse kamen durch mein Handeln zu kurz? Und wie geht es mir jetzt damit?«. Es geht also viel mehr darum, unser eigenes Verhalten zu bedauern und aus einer schmerzlichen Betroffenheit heraus – jenseits von Schuld und Scham – zu sprechen. Es geht auch nicht um Buße, sondern um Wiedergutmachung – um »richten ohne zu richten«.

Schritt 1: Selbstreflexion

Um Bedauern auszudrücken, braucht es – wie bei vielen GFK-Dialogprozessen – zuerst eine Portion Selbstreflexion, damit Sie das Gespräch auf den Punkt bringen können.

Checkliste: Beziehungen ins Lot bringen – Selbsteinfühlung

- Was genau haben Sie getan, das Ihnen jetzt leidtut? (Beobachtung)
- Welche Ihrer eigenen Bedürfnisse kamen zu kurz und welches davon ist Ihnen im Augenblick das wichtigste? Nehmen Sie wahr, wie bedeutsam Ihnen dies im Moment ist.
- Wie geht es Ihnen, wenn Sie jetzt daran denken, dass dieses Bedürfnis durch Ihr Handeln nicht erfüllt wurde? (Befinden)
- Gibt es etwas, das Sie tun wollen, um die Sache wieder zu »reparieren«? Was könnte eine Handlung sein, um die vielleicht strapazierte Beziehung wieder ins Lot zu bringen?

Achten Sie darauf, ob Sie etwas echt bedauern oder betrauern. Dann sind Sie beim Kern angelangt, der ein verbindendes Gespräch ermöglicht, um die Beziehung wieder in Balance zu bringen. Empfinden Sie immer noch Schuld- und Schamgefühle, empfehlen wir Ihnen, noch einmal zurück zu Ihren Bedürfnissen zu gehen, die durch Ihr Handeln zu kurz gekommen sind. Haben Sie das passende Bedürfnis gefunden oder kommt noch ein weiteres wichtiges dazu? Zeigt sich innerlich noch eine Stimme, die Ihr Verhalten verteidigt, kann es sein, dass da auch ein Teil in Ihnen ist, der möchte, dass die gute Absicht im Moment des Handelns gesehen wird. Für welches Bedürfnis haben Sie sich damals stark gemacht? Das klare Bewusstmachen Ihrer Bedürfnisse, die durch Ihr Tun zu kurz kamen, stärkt Sie darin, künftig mehr im Einklang mit sich selbst zu handeln: Bedauern hat eine ganz spezielle Gefühlsqualität, jenseits von Schuld und Scham. Sie verbindet Trauer mit der Bedeutung von Bedürfnissen. Das Bewusstsein, wie wertvoll Ihnen ein Bedürfnis ist, das durch Ihr Handeln nicht erfüllt wurde, gibt der Trauer eine Nuance von Betroffenheit.

> Betroffenheit bewahrt Sie davor, sich in Gesprächen in Verteidigung und Rechtfertigung zu verstricken, und zeigt dennoch, dass Sie die Verantwortung für Ihre Taten übernehmen.

BEISPIEL

Als Julia abends nach Hause kommt, merkt sie, wie ihr die Geschichte mit ihrer Assistentin Sabrina noch im Magen liegt. Eine innere Stimme verurteilt ihr Verhalten: »Das hättest du wirklich nicht tun dürfen. Du hast Sabrina angelogen und ihr etwas vorgemacht«. Julia möchte hinter ihre eigene Fassade schauen und herausfinden, weshalb ihr die Sache so auf den Magen drückt. Sie fragt sich, was genau geschehen ist: »Ich habe Sabrina versprochen, dass sie das nächste Schulungsprojekt alleine durchführen darf. Nun habe ich das Projekt wieder Tim gegeben und lasse sie die Assistenz machen«. Nun möchte sie herausfinden, inwiefern sie nicht im Einklang mit ihren eigenen Werten gehandelt hat: »Mir liegt viel an Verlässlichkeit, an Glaubwürdigkeit und Vertrauen. Und mir ist es auch wichtig, dass Menschen einbezogen werden, wenn es sie tangiert. Ich habe Sabrina vor vollendete Tatsachen gestellt«. Als Julia sich dessen bewusst wird, merkt sie, wie ein echtes Bedauern in ihr aufsteigt. Sie hätte sich wirklich gewünscht, Sabrina mit ins Boot zu holen und sie in ihre Entscheidung mit einzubeziehen.

Schritt 2: Gesprächsvorbereitung

Nehmen Sie sich Zeit. Es geht um etwas Wichtiges: Eine Beziehung soll wieder in Ordnung gebracht werden, und vielleicht können Sie sogar mit einem Wachstumsschritt aus diesem Vorfall herausgehen. Ihr Gegenüber ist aber möglicherweise im Schmerz und noch nicht bereit Ihnen zuzuhören. Da brauchen Sie die Fähigkeit, einfühlsam auf die Du-Seite einzugehen. Damit Sie auch die Kraft dafür haben, überprüfen Sie folgende Fragen, bevor Sie ins Gespräch gehen.

Checkliste: Vorbereitung auf ein Gespräch zur Wiedergutmachung

- Sind Sie bereit, das Gespräch jenseits von richtig/falsch oder gut/böse zu führen?
- Sind Sie bereit, Ihre eigenen Bedürfnisse und die des Gegenübers gleichwertig zu halten?
- Sind Sie in einer Gesprächshaltung jenseits von Forderung und Drohung?
- Sind Sie bereit, für das Ergebnis des Gesprächs offen zu bleiben?
- Sind Sie bereit, auf Urteile, Erklärungen und Rechtfertigungen zu verzichten?

Wenn Sie eine der Fragen mit Nein beantworten, dann empfehlen wir Ihnen noch etwas mehr Selbstempathie oder Empathie von einer anderen Person.

> Je nach Art der schmerzlichen Erlebnisse kann es sein, dass die Betroffenen Rachegelüste hegen oder sich Vergeltung wünschen. Dahinter steckt meistens die Sehnsucht, auf einer tieferen Ebene verstanden zu werden und Mitgefühl zu erfahren, im Sinne von »Ich will, dass du weißt, wie weh das tut«.

Schritt 3: Bedauern ausdrücken

Fallen Sie nicht mit der Türe ins Haus. Sie haben sich auf das Gespräch vorbereitet. Ihr Gegenüber braucht diese Chance auch und muss vielleicht das Geschehene erst einmal verdauen. Überlegen Sie sich, was ein geeigneter Rahmen und Zeitpunkt für so ein Gespräch sein könnte und bitten Sie Ihr Gegenüber um einen Gesprächstermin.

Checkliste: Bedauern ausdrücken

- Teilen Sie Ihrem Gegenüber mit, welche konkrete Handlung Sie bedauern. Achten Sie darauf, dass Sie nicht mehr als einen Satz sagen: »Wenn ich daran denke, dass ich ...«.
- Sagen Sie, wie Sie sich jetzt fühlen, wenn Sie daran denken: »... dann bedaure ich das sehr ...«.
- Teilen Sie mit, welche Bedürfnisse Ihnen diesbezüglich wichtig sind: »weil mir ... (Bedürfnis) am Herzen liegt. Ich wünschte, ich hätte ...« (wie hätten Sie lieber gehandelt?).

Checkliste: Bedauern ausdrücken

- Nutzen Sie eine Beziehungsbitte, um die Brücke zum Gegenüber zu schlagen: »Wie ist das für dich, wenn du das hörst?«.
- Bleiben Sie offen und entdecken Sie die Welt des Gegenübers: »Bist du ... (Befinden) und brauchst du ... (Bedürfnis)?«.
- Falls Sie mitteilen wollen, was Sie zum Handeln bewogen hatte, warten Sie damit, bis die Person von sich aus fragt oder das Bedürfnis nach Klarheit äußert.

BEISPIEL

Als Julia wieder im Büro ist, fragt sie Sabrina, ob sie nachmittags bereit für ein Gespräch sei. Sie würde gerne die Sache mit dem Seminar mit ihr klären. Sabrina willigt ein und sie treffen sich in einer stillen Ecke in der Cafeteria. Julia bedankt sich, dass Sabrina sich die Zeit genommen hat, und steigt dann ins Gespräch ein: »Wenn ich daran denke, dass ich dir das nächste Schulungsprojekt versprochen habe und es nun Tim gegeben habe, bedaure ich das sehr, weil mir viel daran liegt, dass Vereinbarungen eingehalten und Betroffene einbezogen werden, wenn sich etwas an Abmachungen ändert. Ich wünschte, ich hätte dich vor der Entscheidung gefragt. Wie ist das für dich, wenn du das hörst?«. Etwas nervös wartet Julia auf Sabrinas Antwort. »Es ist wirklich nicht fair, dass du mir das Projekt nicht gegeben hast. Ich mache hier schon seit zwei Jahren die Assistenz und so langsam aber sicher wird es mir langweilig!« Julia holt Sabrina in ihrem Erleben ab: »Geht es dir um Weiterentwicklung und Vorwärtskommen?«. »Ja klar! Und du hattest es mir versprochen. Bin ich dir jetzt plötzlich nicht gut genug?«, will Sabrina wissen. »Bist du verunsichert und brauchst Klarheit, wie es zu dieser Entscheidung gekommen ist?«, vermutet Julia weiter. Als Sabrina das bejaht, bekommt Julia die Chance, ihre Situation darzustellen. Sie erklärt, dass es sich um einen Kunden handelt, der sehr anspruchsvoll sei und viel reklamiere. Sie wollte Sabrina einen Einstieg ermöglichen, der Freude macht.

Gleichzeitig sehe sie ein, dass sie hätte fragen können, ob sie bereit gewesen wäre, den Kunden zu übernehmen. Danach vereinbaren sie, dass sie gemeinsam mit Tim überprüfen, ob sie sich das Mandat als gleichwertige Trainer teilen können.

Zugegeben, diese Art von Wiedergutmachungs-Gespräch, bei dem Sie aufrichtiges Bedauern zum Ausdruck bringen, braucht etwas Übung und vor allem die Fähigkeit, nicht in Rechtfertigung und Erklärungen zu verfallen. Wenn es Ihnen aber gelingt, auf diese Weise wieder in einen wertschätzenden Kontakt zu kommen, stehen die Chancen gut, dass die Beziehung gestärkt wird und das Vertrauen wächst, dass Probleme gemeinsam gelöst werden können.

Das Ja hinter einem Nein hören

»Was mache ich denn, wenn ich mir zwar alle Mühe gebe, konstruktiv in ein Gespräch einzusteigen, meine Botschaft klar rüber bringe, aber als Antwort ein Nein kassiere? Dann ist doch die ganze Liebesmüh umsonst?« Das sind Fragen, die wir wiederholt in Trainings hören. In der wertschätzenden Kommunikation fängt das Abenteuer des Brückenbauens gerade dann an, wenn es scheinbar schwierig wird. Ein Prinzip der GFK bringt es auf den Punkt: »Jedes Nein ist das Ja zu einem anderen Bedürfnis«. Stellen Sie sich vor, Sie würden sich diese Erkenntnis zu eigen machen. Könnte das vielleicht Ihren Entdeckergeist wecken, den guten Gründen für das Nein auf die Spur zu kommen? Alte Verhaltensmuster verleiten jedoch oft dazu, Argumente dagegenzuhalten, mit der Absicht, dass die ablehnende Person doch noch zustimmt. Wenn das nicht funktioniert, sind manche resigniert. Sie nehmen an, dass die andere Person schuld daran ist, dass wir uns selbst ohnmächtig oder hilflos fühlen. Diese Neigung hängt auch damit zusammen, auf welche Weise wir das Nein bewerten: Verstehen wir das Nein als Ablehnung der eigenen Person, als Verweigerung der Kooperation oder gar als Machtspiel? In diesem Denken geben wir unser Wohlbefinden in die Hände der anderen Person. Gelingt es aber, das Nein fern von Kalkül und Taktik durch die Brille der Bedürfnisse des anderen zu betrachten, kann sich der Raum für Initiative und Entwicklung öffnen. Der Fokus wird darauf gelenkt, welche guten Gründe hinter dem Nein stehen.

BEISPIEL

Yvonne hatte schon seit fünf Jahren keine Weiterbildung mehr in ihrem Betrieb. Dabei setzt sie sich sehr für ihren Job ein und übernimmt auch gerne neue Aufgaben. Als sie kürzlich ihre Chefin darauf anspricht, hört sie, dass interne Seminare im Moment wegen der Budgetverknappung nur sehr begrenzt möglich seien. Erst ist sie frustriert, doch dann nimmt sie sich vor, das bei nächster Gelegenheit nochmals zum Thema zu machen. Sie möchte die näheren Beweggründe ihrer Chefin besser verstehen: »Sie sagten mir neulich, dass interne Seminare wegen der Kürzung des Budgets nur begrenzt möglich seien. Ich möchte das gern besser verstehen. Geht es Ihnen darum, dass die Mittel für alle reichen, die gerne Weiterbildung hätten?«. »Ja, wir haben in diesem Jahr ein klares Limit von der Geschäftsleitung. Da habe ich nur noch wenig Puffer für die restlichen Monate. Zuerst müssen wir unsere neuen Kollegen durch Schulungen fit machen.« Yvonne zeigt Verständnis. »Ja, das Team soll gestärkt werden, verstehe.

Vermutlich ist es auch für Sie nicht ganz einfach, dass trotz der Sparmaßnahmen alle zum Zug kommen?« »Da treffen Sie den Nagel auf den Kopf. Ich hatte Sie schon seit einiger Zeit im Auge. weil ich es schätze, wie Sie sich engagieren und immer zur Stelle sind, wenn es neue Aufgaben gibt. Daher tut es mir leid, dass es gerade jetzt nicht möglich ist. Denn bei mir kommt an, wie gerne Sie sich weiterentwickeln würden.« Yvonne ist erleichtert und kann die Ursache für die Entscheidung besser verstehen. Das Nein bedeutet also keine Geringschätzung ihrer Person. Im Gegenteil. Ihr Anliegen wurde offensichtlich gehört. Sie freut sich auch über die Wertschätzung, die durch ihr beharrliches und empathisches Nachfragen entstanden ist. Letztlich bleiben die beiden weiter im Gespräch und es gibt eine neue kreative Lösung. Yvonne findet eine passende externe Fortbildung am Wochenende. Sie steuert diesmal ihre Freizeit bei und ihre Chefin ist einverstanden, die Kosten im Folgejahr abzurechnen.

Checkliste: Das Ja hinter dem Nein – Selbstempathie im Stillen	
Worum haben Sie Ihr Gegenüber gebeten und mit welchen Worten wurde Ihre Bitte abgelehnt?	
Wie fühlen Sie sich im Moment?	
Um welches Bedürfnis geht es Ihnen?	
Welchen möglichen Handlungsschritt nehmen Sie sich jetzt vor, um Ihrem Kernbedürfnis Rechnung zu tragen?	

Checkliste: Das Ja hinter dem Nein – Empathische Reaktion im Außen	
Worum haben Sie Ihr Gegenüber gebeten? Und welche Fakten könnten den anderen beschäftigen? »Wenn du meine Bitte hörst und daran denkst, dass ...«	
Wie könnte Sich Ihr Gegenüber fühlen? »Bist du ...?« (Befinden)	
Zu welchen Bedürfnissen sagt die andere Person Ja, wenn sie Nein zu Ihrer Bitte sagt? »...und brauchst du im Moment ...?« (Bedürfnis)	
Situativ: Welche Handlungen würden die Bedürfnisse des Gegenübers möglicherweise erfüllen? Wozu könnte Ihr Gegenüber eventuell Ja sagen, wenn seine Bedürfnisse auch berücksichtigt würden? »Hast du eine Idee, was wir tun könnten, um unsere beiden Anliegen zu berücksichtigen?«	

Ein Ja, das ein Nein ist, erforschen

Ja zu sagen und in Wirklichkeit Nein zu meinen, belastet die Beziehung. Wenn Menschen gelernt haben, Höflichkeit vor Ehrlichkeit zu stellen, fällt es ihnen oft leichter, ein verpacktes Ja statt ein klares Nein auszusprechen. Die Angst, nicht mehr gemocht zu werden, oder die Furcht vor unangenehmen Konsequenzen kann dazu verleiten. Doch was bedeutet es für Offenheit und Vertrauen in Beziehungen, wenn etwas Wichtiges hinter dem Berg gehalten wird? Wenn Menschen zustimmen, obwohl sie nicht dahinter stehen, wirkt sich das längerfristig auf Arbeitsqualität und Gesundheit aus. Gleichzeitig hinterlässt dies beim Empfänger des Ja eine Unsicherheit, ob Dinge wirklich getan werden. Zögern oder ein »Ja, aber …« sind Signale dafür, dass einem Ja aus vollem Herzen etwas im Weg steht.

BEISPIEL

In der Abteilung geht es wieder einmal heiß her. Achim ist froh, dass ihn sein neuer Kollege Ralph seit einem Jahr unterstützt. Dieser hat sich selbstständig in viele Gebiete eingearbeitet. Ist Not am Mann, kann Achim fast immer auf Ralphs Einspringen zählen. Heute gibt es einen Sonderdienst, den der Kunde kurzfristig beauftragt hat, und Ralph übernimmt ihn. Kaum ist er aus der Tür, kommen Achim Bedenken. Hat er nicht gerade ein Zögern wahrgenommen und einen tiefen Atemzug, bevor Ralph das Okay gab? Wenn er überlegt, wie häufig Ralph in letzter Zeit zur Stelle war, wundert ihn das wenig. Er beschließt, ihn gleich darauf anzusprechen. »Ralph, du bist in den letzten Monaten mindestens drei Mal eingesprungen, wenn es in der Abteilung gebrannt hat. Auch diesmal hast du dein Okay gegeben, den Sonderdienst zu machen. Auf mich wirkte es so, als ob du noch zögerst. Wie geht es dir mit dem zusätzlichen Auftrag?« Ralph geht darauf ein: »Ehrlich gesagt, habe ich nicht daran gedacht, dir zu sagen, wie eng es bei mir im Moment aussieht«. »Das hört sich an, als ob du dir Gedanken machst, wie das alles zu schaffen ist?« »Du weißt, ich helfe immer gern. Doch das, was in der letzten Woche liegen blieb, brennt auch langsam an.« »Ich vermute, da geht es dir auch darum, verlässlich zu sein?« »Ja, ich will einen guten Job machen, für dich und für den Kunden.« Achim ist erleichtert. »Ich bin froh, dass du mir sagst, wie es aussieht, Ralph. Denn Offenheit ist mir wichtig. Ich möchte auch sicher sein, dass du dahinterstehen kannst, wenn du zu neuen Aufgaben Ja sagst. Können wir ausmachen, dass du jetzt den Projektplan checkst, und wir sprechen dann nochmals, ob Prioritäten geändert werden können?« Ralph wirkt beruhigt und Achim ist zuversichtlich, dass das empathische Nachhaken das Vertrauen zueinander gestärkt hat.

Befürchtungen, ein Nein zu hören, verringern sich, wenn Sie den Blick auf die Befindlichkeiten und Bedürfnisse des Gegenübers lenken. Das Ja hinter dem Nein und auch das Nein hinter dem Ja zu erforschen, wird dann zur Chance im Miteinander.

Wenn der andere schweigt – Kontakt herstellen

Obwohl es beim Schweigen ruhig zugeht, erleben wir die Stille oft als heftige Reaktion. Das kann ziemlich verunsichern, denn wir alle sehnen uns nach Sicherheit und Vorhersehbarkeit. Dazu kommt eine frostige Stimmung, vielleicht ein erstarrtes Gesicht oder Vermeidung von Augenkontakt. Da verabschiedet sich ganz leicht der Soziale-Vagus-Nerv und der Flucht- oder Kampf-Modus wird aktiviert. Fragen wie »Habe ich etwas falsch gemacht?«, oder der Impuls mit »Jetzt sag doch auch mal etwas!«, herauszuplatzen, machen die Situation nicht leichter zu ertragen. Eine anspruchsvolle Ausgangslage.

BEISPIEL

In einem Teammeeting delegiert Patrick eine Zusatzaufgabe an Martin. Dieser verdreht die Augen und sagt: »Schon gut, mir kann man ja alles anhängen!«. Als Patrick nach dem Meeting auf Martin zugeht und nachfragt, was los ist, antwortet dieser nicht und hackt lautstark auf die Tastatur ein. Patrick ist erstaunt. Dieses Verhalten kennt er nicht von seinem Mitarbeiter. Hat er irgendetwas falsch gemacht? Er fragt nochmals nach, doch ihm begegnet eisiges Schweigen.

Die gute Nachricht, wenn Ihr Gesprächspartner schweigt: Das Gespräch entschleunigt sich unweigerlich. In der Regel ist jetzt kein rasches Handeln erforderlich. Die gewonnene Zeit können Sie dafür nutzen, sich erst einmal selbst Einfühlung zu geben. Fragen Sie sich, was jetzt bei Ihnen los ist und was Sie brauchen – ein wichtiger Schritt, um später empathisch eine Brücke bauen zu können.

Checkliste: Wenn der andere schweigt – Selbstempathie im Stillen	
Welche Gedanken drehen in Ihrem Kopf, wenn Ihr Gegenüber schweigt? Gestehen Sie sich diese zu und erkennen Sie sie als Ausdruck unerfüllter Bedürfnisse an.	▼
Was ist gerade passiert? Benennen Sie innerlich die Fakten.	■
Wie geht es Ihnen damit? Was ist jetzt Ihre persönliche Befindlichkeit? Sorge, Stress, Einsamkeit, Hilflosigkeit, Ärger, Verunsicherung …?	
Wonach sehnen Sie sich jetzt? Kontakt, Austausch, Klarheit, Verbindung …?	●
Was können Sie als Nächstes tun, um selbstfürsorglich Ihren Bedürfnissen Rechnung zu tragen? Welchen möglichen Handlungsschritt nehmen Sie sich jetzt vor? Möchten Sie ansprechen, wie es Ihnen mit dem Schweigen geht? Möchten Sie emphatisch ergründen, wie es dem anderen gerade geht und den Empathie-Scan anwenden? Möchten Sie im Stillen mit den Gefühlen und Bedürfnissen des anderen in Resonanz gehen? Hören Sie das Schweigen als ein »Nein, nicht jetzt« und signalisieren Sie Gesprächsbereitschaft.	➡

BEISPIEL

Patrick zuckt mit den Schultern und geht wieder zurück an seinen Arbeitsplatz. Was ist los? Er merkt, wie wertendes Denken in ihm aktiv wird: »Was fällt Martin eigentlich ein, sich so zu benehmen? Kann er nicht wie jeder andere auch normal mit mir sprechen?«. Er merkt, wie er Gefahr läuft, Martin innerlich zu verurteilen. Das bringt ihn aber nicht weiter. Deshalb besinnt er sich auf die vier Schritte der GFK. Er fragt sich, was genau geschehen ist: »Als ich die Aufgabe an Martin delegiert habe, hat dieser mit ›Schon gut, mir kann man ja alles anhängen‹ geantwortet. Als ich nach dem Meeting nachfrage, was los ist, schweigt er«. Als Nächstes fragt Patrick sich, wie es ihm jetzt geht und was er braucht: »Ich bin überrascht und auch etwas besorgt. Ich brauche Klarheit, was los ist und wünsche mir Offenheit im Team«. Dann überlegt er sich, was er tun kann, um die Klarheit zu bekommen, die er braucht. Er entscheidet sich, auf Martin zuzugehen.

Sich authentisch zeigen

Sind Sie sich darüber im Klaren, worum es Ihnen geht, haben Sie verschiedene Möglichkeiten. Vielleicht brauchen Sie selbst noch eine Portion Empathie und suchen jemanden, der Ihnen zuhört. Oder Sie widmen sich zuerst etwas anderem, bis die Situation sich etwas beruhigt hat. Sie können sich aber auch mit den vier Schritten der GFK authentisch zeigen und Ihr Gegenüber um das bitten, was Ihnen jetzt guttun könnte. Dann warten Sie die Reaktion ab und entscheiden danach, welchen Schritt Sie als Nächstes gehen wollen.

BEISPIEL

Nachdem eine Stunde vergangen ist, geht Patrick noch einmal auf Martin zu: »Du, Martin, ich möchte gerne zurückkommen auf die Sitzung und das Gespräch von vorhin. Ich habe dich gefragt, was los ist, und keine Antwort bekommen. Ich bin überrascht und auch besorgt und brauche Klarheit, was los ist. Bitte sage mir: Ist irgendetwas vorgefallen, das ich wissen sollte oder verpasst habe?«. Martins und Patricks Augen treffen sich für einen kurzen Moment, doch dann schaut Martin wieder weg und schweigt ...

Das Schweigen hören

Es gibt viele gute Gründe, weshalb Menschen schweigen. Vielleicht sind sie sprachlos, weil das, was sie gerade erlebt haben, erschreckend oder verletzend war. Möglicherweise fehlen ihnen die Worte, etwas mitzuteilen, das für andere schmerzhaft sein könnte. Manchmal ist es auch eine Strategie, sich und andere vor einem emotionalen Donnerwetter zu schützen, oder man braucht Sicherheit, etwas sagen zu können, ohne dafür verurteilt zu werden. Schweigen kann also ein Ausdruck vieler unterschiedlicher Bedürfnisse sein, wie beispielsweise Sicherheit, Gehört-werden-Wollen, respektvoller Umgang oder Verständnis. Wenn Sie sich dafür entscheiden, auf die Du-Seite einzugehen und empathisch die Verbindung aufzubauen, erinnern Sie sich daran: Schweigen ist ein Ausdruck unerfüllter Bedürfnisse und hat nur wenig mit Ihnen direkt zu tun. Ihr Verhalten mag zwar der Auslöser für das Schweigen sein, aber die Ursache liegt bei den Bedürfnissen Ihres Gegenübers. Auf dieser

Ebene ist es einfacher, das Verbindende hinter dem Schweigen zu hören.

So kann das Brückenbauen bei Schweigen gelingen

- Behalten Sie die Brille der Neugierde auf. Sie brauchen nicht zu wissen, wie es dem anderen geht. Allein die Haltung, dass Sie ihn verstehen möchten, zeigt oft schon Wirkung. Mit einem großen Fragezeichen am Ende Ihres empathischen Nachfragens geben Sie dem Gegenüber die Möglichkeit, Sie zu korrigieren, falls Sie nicht die passenden Worte genannt haben. Dadurch kann ein erster Gesprächsfaden entstehen.
- Gehen Sie in Stille mit dem anderen in Kontakt. Manchmal ist die Zeit nicht reif für Worte. Dann atmen Sie tief ein oder aus. Öffnen Sie sich für Ihre Intuition und konzentrieren Sie sich auf den anderen. Sprechen Sie die möglichen Bedürfnisse und Gefühle nur innerlich aus.
- Signalisieren Sie Gesprächsbereitschaft und laden Sie die andere Person dazu ein, zu einem späteren Zeitpunkt wieder mit Ihnen in Kontakt zu treten. Manchmal wirkt es Wunder, eine Nacht darüber zu schlafen.

BEISPIEL

Patrick nimmt ein paar tiefe Atemzüge und versucht, im Stillen zu erfassen, wie es Martin gehen könnte. Ist Martin vielleicht am Ende seiner Kräfte und braucht Entlastung? Ist irgendetwas mit einem Kunden vorgefallen, das Martin jetzt Sorgen macht? Dann lässt er einen Versuchsballon steigen: »Du, Martin, du hast im Meeting gesagt: ›Schon gut, mir kann man ja alles anhängen‹. Bist du unter Druck und brauchst Entlastung? Hast du vielleicht Ärger mit einem Kunden und wünschst dir Unterstützung oder Rückendeckung?«. Martin schweigt immer noch. Als Patrick schon so weit ist, ihm zu signalisieren, dass er für ihn da sei, auch wenn er jetzt nicht sprechen wolle, räuspert sich Martin und packt aus. Patrick erfährt, dass Martin in einem wichtigen Projekt massiv in Verzug ist und nicht mehr weiß, wie er alles schaffen soll. Es wird ihm alles zu viel und er macht sich Sorgen, dass ihn das Kopf und Kragen kosten könnte.

Das Beispiel zeigt: Das Schweigen des Gegenübers kann eine »laute« Botschaft sein. Geben Sie sich also in solchen Situationen Zeit für Selbstempathie, um danach die guten Gründe des Gegenübers zu erforschen. Machen Sie sich klar, wofür Sie selbst Verantwortung übernehmen können: für Ihr Handeln und Ihre Reaktion auf die Antwort des Gegenübers.

Grenzen im Kopf überwinden

Menschen, die die GFK in ihrem Umfeld engagiert umsetzen, berichten uns häufig, wie sehr ihnen das neue Spektrum hilft, in herausfordernden Situationen weiterzukommen. Gleichzeitig ist eine Kultur der klaren und wertschätzenden Sprache ein nachhaltiger Prozess, der ständige Reflexion der eigenen Haltung braucht. Vereinzelt werden wir auch gefragt: Was mache ich, wenn ich an Grenzen stoße? Dann gilt es zu hinterfragen, was die Beteiligten als Grenze definieren. Unsere Erfahrung ist, dass wir unsere Grenzen selbst schaffen, wenn wir uns in einer bestimmten Art des Denkens verfangen. Beispielsweise, weil wir uns fragen, ob man im Business so sprechen könne, oder wenn wir den vermeintlichen Widerstand des Gegenübers schon vorwegnehmen. Unbehagen und innere Hindernisse können auf eigene Bedürfnisse hinweisen, z. B. dass wir selbst akzeptiert sein oder den Raum des anderen achten möchten. Deshalb:

- Um erste Schritte auszuprobieren, wählen Sie zunächst ein vertrautes Umfeld wie Partnerschaft, Freundeskreis oder Arbeitskollegen, mit denen Sie sich grundsätzlich gut verstehen. Je stabiler die Beziehung, desto größer ist die Chance, dass Ihr Gegenüber offen reagiert.
- Sind Sie unsicher, wie Ihr Gegenüber die »neue« Sprache aufnehmen wird? Dann machen Sie Ihre Absicht transparent, weshalb Sie sich an der GFK orientieren, und holen Sie sich das Einverständnis. Das stellt oft Vertrauen her.
- Haben Sie mit einer empathischen Vermutung noch nicht ins Schwarze getroffen, dann betrachten Sie die Reaktion des anderen nicht als Zurückweisung. Sie bekommen vermutlich wertvolle Antworten, die wieder in Bedürfnisse übersetzt werden können.
- Bewegen Sie sich in einem weniger vertrauten Kreis, dann kann es hilfreich sein, zunächst allgemeine Formulierungen zu verwenden, die dem anderen den Rückzug ermöglichen, z. B. »Da kann man sich schon Sorgen machen ...«, oder »Da wünscht man sich schon Kooperation?«. So bekommen Sie

leichter ein Gespür dafür, wie weit sich der andere öffnen möchte.

- Erinnern Sie sich daran, dass Menschen mit einem im Flucht- oder Angriff-Modus aktivierten Nervensystem oft etwas Zeit brauchen, um wieder zu sich zu kommen. Stille Empathie oder eine Vertagung des Gesprächs können hier helfen.

BEISPIEL

Kim hat sich gerade aufrichtig dafür eingesetzt, einen Knatsch anzusprechen, der schon seit ein paar Wochen im Kontakt mit ihrer Kollegin Cora schwelt. Darauf bekommt sie von Cora zu hören: »Du sprichst in letzter Zeit so anders. Warst du auf einem Seminar?«. Kim nimmt einen tiefen Atemzug, um nicht in alte Muster zu verfallen, und sagt: »Hört sich an, als ob dich das irritiert? Möchtest du gern wissen, woran du bist?«. Cora reagiert skeptisch: »Ich weiß gar nicht, was das soll. Willst du mich manipulieren?«. »Möchtest du vertrauen können, dass es ernst gemeint ist?«, fragt Kim weiter, worauf Cora antwortet: »Ich kenne solche Spielchen von unserem früheren Chef. Immer wenn er etwas von uns wollte, wurde er zahm. Doch dann stellten sich schnell seine wahren Absichten heraus«. Kim ist bestürzt: »Wenn ich das höre, bin ich betroffen, denn mir liegt viel an einem wertschätzenden Umgang. Dafür möchte ich mich einsetzen, auch wenn meine Sprache anders klingt als vorher. Wie geht es dir damit, das zu hören?«. »Sorry, ich wusste nicht, dass es dir so ernst ist«, erwidert Cora.

Das Beispiel macht deutlich, dass Ihr Gegenüber Ihre veränderte Sprache wahrnimmt und dadurch auch verunsichert sein kann. Machen Sie sich bewusst, für welche Ihrer Werte Sie einstehen möchten. Wenn Sie dann offenlegen, was Sie mit Ihrer Sprache bewirken möchten, schaffen Sie Vertrauen. Marshall B.

Rosenberg sagt dazu: »Es braucht keinen Mut, sondern Klarheit, wie ich leben möchte«.

Auf einen Blick: In herausfordernden Situationen

- Die Brille des Wohlwollens kann die Furcht vor unangenehmen Reaktionen anderer verringern. Setzen Sie mit Empathie den Fokus auf die Bedürfnisse und damit das Verbindende.
- Ablehnung, Schweigen oder wiederholte Diskussionsschleifen zeigen, dass die Betroffenen noch nicht mit ihren Anliegen wahrgenommen wurden.
- Veränderungsprozesse werden wirksam, wenn Bedenken geklärt sind und Menschen miteinander statt übereinander sprechen. Erst dann können sachliche Maßnahmen sinnvoll umgesetzt und nachhaltig getragen werden.
- Bedauern kann Beziehungen wieder ins Lot bringen.

Brücken bauen in Unternehmen und Gesellschaft

Nach allem, was Sie jetzt entdeckt oder wiedergefunden haben, laden wir Sie ein, sich gemeinsam mit uns Gedanken zu machen, was die Entfaltung der Beziehungskompetenz in einem größeren Rahmen bedeuten kann.

In diesem Kapitel erfahren Sie,

- welchen Einfluss konsequent umgesetzte Empathie auf Ihr eigenes Leben haben kann,
- wie Sie Ihre Erkenntnisse in Ihrem Arbeitsbereich verankern können,
- wie Sie auf Ihre Weise die Welt mitgestalten können, in der Sie leben möchten.

Die Fülle der Möglichkeiten

Wenn Sie jetzt motiviert sind, die Kraft der Empathie in Ihren Alltag zu bringen, wo würden Sie dann ansetzen wollen? Wo sehen Sie in Ihrem Umfeld das größte Entwicklungspotenzial? Was brennt am meisten in Ihnen, und womit hätten Sie die größte Freude anzufangen? Angenommen, Sie möchten mit an einer Welt arbeiten, in der Sie gerne unterwegs sind, dann lohnt es sich, das ganze System zu betrachten. Denn alles, was wir tun, schlägt Wellen. Vielleicht haben Sie als Erstes Ihre Arbeitsumgebung im Blick oder eher Ihr Familienumfeld? Möglicherweise beschäftigt Sie aber auch das, was zurzeit auf dieser Welt geschieht. Es gibt viele Möglichkeiten, das, was Sie in diesem Buch erfahren haben, im Alltag umzusetzen.

Führen durch Berühren

Vielleicht brauchen wir Empathie-Pioniere: Menschen, die sich selbst verletzlich zeigen. Denn wenn wir uns hinter Fassaden verstecken, eine Maske aufsetzen, die signalisiert, dass wir alles im Griff haben und von nichts berührt werden, bleibt etwas Wesentliches auf der Strecke. Wir erschweren es dem anderen, uns als Mensch zu sehen. Wenn wir uns jedoch zeigen, geben wir auch anderen Raum, sich als Mensch zu öffnen. Das Prinzip »Führen durch Berühren« ermöglicht die Entfaltung des Menschen mit all seinen Potenzialen und bringt Veränderungsenergie in Fluss. Möglicherweise kostet das in manchem Umfeld etwas Mut, doch letztendlich ist es unsere eigene Entscheidung, wie wir leben möchten. Überlegen Sie:

- Von welchen Menschen in Ihrem privaten und beruflichen Umfeld lassen Sie sich schon heute berühren?
- Bei wem fällt es Ihnen leicht, sich offen zu zeigen?
- In welchen Beziehungen gelingt es Ihnen bereits, eine Brücke zu bauen? Was können Sie daraus lernen?
- Welche Erfahrung ist für Sie hilfreich, um den nächsten Schritt zu gehen?

Wertschätzung im privaten Umfeld

In Partnerschaft, Freundschaften und Familie können Sie sich fragen, wie zufrieden Sie mit der Zeit sind, die Sie mit nahestehenden Menschen verbringen. Treffen Sie sich noch persönlich oder mailen Sie nur? Gibt es eine Kultur des Zuhörens? Wissen Sie, welche Bedürfnisse Ihre Liebsten bewegen und wie sie sich fühlen? Überprüfen Sie Ihre Alltagsgewohnheiten und entwickeln Sie neue Schritte, die Ihnen guttun. Wie wäre es mit einem gemeinsamen Abend unter Freunden statt auf der Couch fernzusehen? Oder damit, sich in der Familie von den Highlights des Tages zu erzählen anstatt zu twittern? Vielleicht möchten Sie auch den Chatroom mit ihren Kindern nutzen, um wertschätzende Rückmeldungen zu geben und sich über das auszutauschen, was Sie alle bewegt?

Vermutlich erleben Sie auch Situationen, in denen es Ihnen schwerfällt, empathisch zu sein, weil Sie sich müde und erschöpft fühlen. Dann ist Selbstempathie gefragt, damit Sie mit Ihren eigenen Bedürfnissen in Kontakt kommen und daraus Kraft schöpfen. In unserem TaschenGuide »Auftanken im Alltag« finden Sie praktische Handlungsanleitungen dazu.

Einfluss nehmen am Arbeitsplatz

Dass Menschen sich nach neuen Strukturen des Miteinanders sehnen, zeigen Bewegungen in der Arbeitswelt. Es gibt schon heute vielfältige Organisationsmodelle, die sich eher weg von starren Hierarchien und hin zu Partnerschaftlichkeit und gemeinsamer Gestaltung bewegen, wie z. B. partizipative Führung, agile Methoden in der IT oder Systemisches Konsensieren als Entscheidungsverfahren in Gruppen. Vielleicht können Sie selbst Anzeichen für Veränderung in Ihrem Arbeitsumfeld beobachten. Möglicherweise ist es aber noch weiter davon entfernt, als Sie es sich wünschen.

Jeder Einzelne kann etwas bewegen

Auch am Arbeitsplatz kann jeder Einzelne, der sich in Gewaltfreier Kommunikation übt, durch sein Zutun Einfluss nehmen. So können z. B. Projektleiter in Meetings die Aufmerksamkeit zuerst auf das richten, was funktioniert. Wenn im allgemeinen Umgang miteinander Feindbilder geschürt werden, können Sie diese auf der Basis von Gefühlen und Bedürfnissen wahrnehmen. Sind Gespräche schiefgelaufen, kann echtes Bedauern das Miteinander wieder in Fluss bringen. Scannen Sie Ihre Kunden, Geschäftspartner, Kolleginnen und Chefs durch die Empathie-Brille und sehen Sie auch in herausfordernden Situationen die guten Absichten der anderen. Auch auf der organisatorischen Ebene können Sie kreative Möglichkeiten für sich und andere finden: Verlassen Sie durch einen Seitenwechsel die Komfortzone und entdecken Sie andere Berufsfelder oder Abteilungen im Unternehmen. Erweitern Sie Ihre Teamwork-Erfahrungen, wie z. B. mit Jobsharing oder im IT-Bereich mit der agilen Paar-Programmierung. Oder versetzen Sie sich durch Job-Rotation in die Schuhe der Arbeitskolleginnen einer anderen Abteilung. Ob es um das Veranstalten von Mitarbeiterevents, das Gründen einer Betriebs-Band oder die Übernahme von Patenschaften für Flüchtlings-Praktikanten geht – gemeinsame Erlebnisse fördern Empathie.

Führungskräfte als Vorbild

In unserer Arbeit als Beraterinnen und Trainerinnen in Unternehmen gehen wir vielfältige Wege, eine Kultur der Wertschätzung zu gestalten. Wenn die Geschäftsführung sich entschließt, damit zu beginnen, erhöht das die Chancen für eine nachhaltige Umsetzung.

> Führungskräfte haben Leit- und Lenkungsfunktion. Wenn sie als Vorbilder wertschätzende Kommunikation leben, ermutigen sie damit ihre Mitarbeitenden, dies auch zu tun.

Mit Teamcoachings und begleitender Einzelberatung der Verantwortlichen unterstützen wir diesen Prozess. In größeren Unternehmen beginnen wir häufig mit dem Training einzelner Abteilungen. Oder wir bilden in unseren offenen Ausbildungen Multiplikatoren aus, die den Ansatz in ihre Teams tragen.

Gesellschaftlich wirksam handeln

Egal, ob wir alleine leben oder in Familien und Gemeinschaften: Wir sind in einem größeren sozialen Gefüge vernetzt. Interdependenz bedeutet, dass wir einander brauchen, um leben und überleben zu können. Die meisten Bedürfnisse erfüllen sich im wechselseitigen Kontakt. Evolutionär betrachtet richtete sich in der Steinzeit der Fokus vor allem auf die Familie und den eigenen Stamm. Nahrung, Unterkunft, Fortpflanzung und Zugehörigkeit standen im Vordergrund. Später gewannen Besitztümer, sozialer Status und die Entwicklung von Technologien an Bedeutung. In den letzten Jahrzehnten stand wirtschaftliches Wachstum und Gewinnmaximierung im Mittelpunkt der Gesellschaft. Wenn wir davon ausgehen, dass wirtschaftliches Wachstum begrenzt ist, wohin führt unser nächster Entwicklungsschritt? Welche Rolle könnte dabei die universelle Fähigkeit der Empathie spielen?

Globale Herausforderungen angehen

Empathie geht so leicht verloren, wenn wir das Gefühl haben, dass etwas weit weg von uns stattfindet oder unser Leben hier nicht betrifft. Oder wenn unser eigenes schlechtes Gewissen darüber, dass wir es hier gut haben und andere nicht, uns daran hindert, Leid anzuerkennen. Die Medien ermöglichen heute ganz andere Einblicke als früher: Wir nehmen teil an der Reaktorkatastrophe in Fukushima, am Klimawandel, an wiederkehrenden Überflutungen, der Verknappung unserer Rohstoffe und der Not der Menschen in Billiglohnländern. Ganz zu schweigen von menschlichen Schicksalen, wenn massenhaft Leben durch hochriskante Flüchtlingsmanöver aufs Spiel gesetzt wird. Offen bleibt auch die Frage, wie die Überlebenden in einer fremden Umgebung Heimat finden. Schmerzlich wird uns heute bewusst, dass Vieles quasi vor unserer Haustüre stattfindet und dass unsere Enkel oder Urenkel die Konsequenzen unseres Tuns zu tragen haben. Zur Lösung der Herausforderungen braucht es ein erweitertes Bewusstsein, das unserer Meinung nach weder von Mitleid, noch von Sympathie, sondern von echter Empathie getragen ist. Wenn es uns gelingt, Menschen wahrzunehmen in ihrer Sehnsucht nach Unversehrtheit, Geborgenheit und Zugehörigkeit, dann öffnen sich neue Wege, wie wir handeln können.

> Wenn wir unseren Bedürfnissen nahe sind, die alle Menschen auf unserer Welt teilen, entsteht vielleicht der Wunsch, aus Freude statt aus Pflichtgefühl oder schlechtem Gewissen etwas beizutragen. Denn wir sehen dann einen Sinn darin, Anteil am größeren Ganzen zu haben.

Die Kluft überwinden

Auf gesellschaftlicher Ebene heißt es, die Wirkungsbereiche auszuloten, denen wir nahestehen und zu deren Gestaltung wir gerne beitragen möchten: ob im Schulsystem als Elternbeirat, durch aktive Mitarbeit in Verbänden, im Tier- oder Umweltschutz oder in Integrationsprojekten. Mit dem Strom von Zuwanderern stehen wir vor neuen Herausforderungen, etwa dem friedlichen Zusammenleben von Menschen unterschiedlicher Sprachen und Kulturen, zum Teil mit traumatischen Erfahrungen. Also stellt sich die Frage, wie wir die Kluft zwischen Ingroup und Outgroup überwinden können, also der Gruppe, zu der wir uns zugehörig fühlen, und der Gruppe, die wir als die Anderen, die Fremden erleben. Für diejenigen ohne Bleibe geht es in erster Linie um Versorgung und Heimat. Mitbürger, die sich dem Zustrom entgegenstellen, setzen sich vermutlich für Sicherheit und Orientierung ein. Möglicherweise geht es ihnen auch um Rücksicht und Verständnis, was dieses Ausmaß an Unbekanntem für ihr Leben bedeutet. Auch diese Bedürfnisse wollen wahrgenommen werden, sonst laufen wir Gefahr, dass Widerstand in Gewalt umschlägt.

Sehen wir unseren Ängsten – egal wodurch sie ausgelöst werden – und unseren eigenen Bedürfnisse ehrlich ins Auge, anstatt uns mit der Vorstellung zu überfordern, eine Lösung finden zu müssen! Wenn wir unsere eigenen Anliegen ernstnehmen, steigen die Chancen, dass wir einfühlend auf andere zugehen. Dann haben wir reelle Chancen, Schritte zu finden, die Lösungen auf eine für uns stimmige Weise möglich machen. So können Ideen entstehen, die gemeinsam und mitverantwortlich von allen Betroffenen getragen werden.

> Es gibt viele Möglichkeiten, Empathie im Alltag zu trainieren. Auf der „Arbeitshilfen online"-Seite zu diesem TaschenGuide (www.haufe.de/arbeitshilfen; Buchcode TGA-HL12) finden Sie in der Rubrik „Kommunikation & Soft Skills" 10 Inspirationen, wie Sie Empathie praktisch üben können. Viel Freude bei der Umsetzung!

Auf einen Blick: Brücken in Unternehmen und Gesellschaft

- Jeder Einzelne kann im Miteinander Einfluss nehmen. Es gibt vielfältige Möglichkeiten in Familie, Beruf und Gesellschaft. Die eigenen Bedürfnisse ernst zu nehmen, ist dabei unabdingbare Voraussetzung.
- Fragen Sie sich selbst, inwieweit Sie sich öffnen wollen, um vorzuleben, was Sie mit anderen erleben möchten. Dann kann »Führen durch Berühren« gelingen.
- Wenn es uns gelingt, Menschen wahrzunehmen in ihrer Sehnsucht nach Unversehrtheit, Geborgenheit und Zugehörigkeit, dann öffnen sich neue Wege, wie wir an einer Welt mitgestalten können, in der wir leben möchten.

Literatur

Badenoch, B.: Gehirn und Psyche, arbor 2010.

Cozolino, L., Plott, A.: Die Neurobiologie menschlicher Beziehungen, VAK 2007.

Grossmann, K., Grossmann K. E.: Bindung – das Gefüge psychischer Sicherheit, Klett-Cotta 2012.

Heim V., Lindemann G.: Auftanken im Alltag – mit Selbstempathie zu neuer Kraft. Haufe 2013.

Holler I., Heim, V.: KonfliktKiste – Konflikte erfolgreich lösen mit der Gewaltfreien Kommunikation, Junfermann 2005.

Howe, D.: Bindung über die Lebensspanne – Grundlagen und Konzepte der Bindungstheorie, Junfermann 2015.

Laloux, F.: Reinventing Organizations – ein Leitfaden zur Gestaltung sinnstiftender Formen der Zusammenarbeit, Vahlen 2015.

Lindemann, G., Heim, V.: Erfolgsfaktor Menschlichkeit – wertschätzend führen, wirksam kommunizieren, Junfermann 2010, Steinbach Sprechende Bücher 2011.

Lucas, M.: Schalten Sie Ihr Gehirn auf Liebe: Erfüllende Beziehungen durch Achtsamkeitsmeditationen, J. Kamphausen 2013.

Perry, B., Szalavitz, M.: Für die Liebe geboren: Warum Einfühlung und Empathie so wesentlich sind, arbor 2012.

Rosenberg, M. B.: Gewaltfreie Kommunikation, Junfermann 2001.

Rosenberg, M. B., Seils, G.: Konflikte lösen mit Gewaltfreier Kommunikation, Herder 2004.

Servan-Schreiber, D.: Die neue Medizin der Emotionen, Kunstmann 2004

Siegel, D. J.: Die Alchemie der Gefühle, Kailash 2010.

Singer, T., Ricard, M.: Mitgefühl in der Wirtschaft, Knaus 2015.

Van der Kolk, B.: Verkörperter Schrecken: Traumaspuren in Gehirn und wie man sie heilen kann, G.P. Probst 2015.

Weiser Cornell, A.: Focusing – Der Stimme des Körpers folgen, rororo 1997.

Stichwortverzeichnis

Impressum

Bibliografische Information der Deutschen Nationalbibliothek
Die Deutsche Nationalbibliothek verzeichnet diese Publikation in der Deutschen Nationalbibliografie; detaillierte bibliografische Daten sind im Internet über http://dnb.dnb.de abrufbar.

Print: ISBN: 978-3-648-08060-3 Bestell-Nr.: 10717-0001
ePub: ISBN: 978-3-648-08061-0 Bestell-Nr.: 10717-0100
ePDF: ISBN: 978-3-648-08062-7 Bestell-Nr.: 10717-0150

Vera Heim, Gabriele Lindemann
Beziehungskompetenz im Beruf –
Brücken bauen mit Empathie und Gewaltfreier Kommunikation
1. Auflage 2016

Redaktionsanschrift: Fraunhoferstraße 5, 82152 Planegg/München
Telefon: (089) 895 17-0
Telefax: (089) 895 17-290
Internet: www.haufe.de
E-Mail: online@haufe.de
Redaktion: Jürgen Fischer
Redaktionsassistenz: Christine Rüber

Konzeption und Realisation: Nicole Jähnichen, www.textundwerk.de
Lektorat: Sylvia Rein, www.reinundkunow.de
Grafiken: Ina Liesefeld
Satz und Druck: Beltz Bad Langensalza GmbH, Bad Langensalza
Umschlag: Kienle gestaltet, Stuttgart

Die Autorinnen

Vera Heim arbeitet als zertifizierte GFK-Trainerin, NLP-Lehrtrainerin und Management-Coach. Sie ist Inhaberin des Trainingsinstituts The Coaching Company in Zürich.
The Coaching Company
In der Teien 6, CH-8700 Küsnacht/Zürich
Telefon: +41 (0)44 500 99 00, www.tcco.ch

Gabriele Lindemann ist zertifizierte GFK-Trainerin und Herz-Kreis-Trainerin, Business-Coach und Management-Beraterin. Sie ist Inhaberin des Trainingsunternehmens Menschen und Ziele in Nürnberg.
Menschen und Ziele, Leistnerweg 4, D-90491 Nürnberg
+49 (0)911 59 97 48, www.menschen-und-ziele.de

Dank

Unser Dank gilt allen Menschen, die uns bei diesem Projekt unterstützt haben, unseren Angehörigen, Freunden und Freundinnen und allen Klienten, deren Beispiele unter anderem Namen eingeflossen sind. Allen voran denjenigen, von denen wir lernen durften, wie Marshall Rosenberg, Susan Skye, Sarah Peyton, Robert Gonzales. Weitere Inspirationsquellen unserer Arbeit sind Vertreter des Focusing und der interpersonalen Neurobiologie, die seit Jahren unsere Arbeit bereichern. Besonders danken wir Gerhard Lorenz für das Überprüfen unseres Werks aus Sicht der Medizin.